숫자로 보는 세상 이야기

심규박 지음

KYOWOO

추천의 글

통계라는 흥미진진한 오솔길로 독자들을 안내하는 책

장 창 호

극작가

해가 뜨고 해가 집니다. 바람이 불고 바람이 멎고, 비가 오고 비가 그칩니다. 사람살이의 궤적이 그러합니다. 하는 일 없이도 바쁘고, 주말을 쉬어도 피곤하고, 넷플릭스와 핸드폰을 끼고 있다가도 잠이 들곤 합니다. 무언가 소용돌이쳐도 크나큰 사건들에 만성이 되어서인지 별다른 자극을 느끼지 못합니다. 이런저런 멜랑꼴리한 일상입니다. 자신이 진정 원하는 것이 무엇인지 모를 때 생기는 일일 것입니다. 각설하고…

중학생 때 처음 그를 만났습니다. 그의 어린 시절 가운데 몇몇은 제 기억 속에 오래 남아 있습니다. 쉬는 시간 종이 울리면 발그레한 뺨에 장착한 환한 웃음을 견디지 못해, 그는 누구보다 먼저 운동장으로 달려 나가는 학생이었습니다. 교내외에서 열리는 글짓기 대회에 나가면 상은 따놓은 당상이었습니다. 그런 그가 대학을 이공계로 진학하고, 통계학 교수가 되었습니다. 그의 진로 선택은 제가 보기에 '코페르니쿠스적 전환'이었습니다. 저는 그가 저와 비슷한 성정을 지닌 사람이라고 여겼음직합니다. 그 갈림길에서 우리는 서로 멀어져갔습니다.

우리의 행로는 중년이 되어서야 다시 이어졌습니다. 반갑게 손을 맞잡았습니다. 그의 두툼한 손바닥에서는 이학의 바탕에서 인문의 향기가 묻어났습니다. 그의 손에는 여행 에세이가 들려 있었습니다. 책장을 넘기는 순간 훅, 끼쳐오던 땀 냄새에는 그의 웅숭깊은 감성이 배어있었습니다. 인물, 구성, 갈등을 요모조모 얽은 한 편의 드라마 같았습니다. 그는 한 시대를 통계학 교수로 풍미하고, 다시 어린 시절의 자질 쪽으로 돌아온 것입니다. 존재론적인 성장과 함께 진정 자신이 원하는 쪽으로 건너온 거라 믿었습니다. 어찌 아니 반가웠겠습니까?

그가 이번에 또 다른 책을 냅니다. '숫자로 보는 세상 이야기'. 일상의 통계학이라는 흥미진진한 오솔길로 독자들을 안내하는 책입니다. 저자는 일상에서 만나는 사례들을 쉽고 재미있게 이야기합니다. 딱딱한 수식과 이론 대신, 주변에서 벌어지는 현상을 통계로 진단하고 친근한 이름을 숫자로 풀이합니다.

저는 마치 탐험가가 된 듯한 기분이 들었습니다. 숫자라는 도구를 통해 세상의 숨겨진 패턴을 발견하고, 그 속에 담긴 의미를 찾아내는 짜릿함을 경험했습니다. 복잡해 보이는 사건과 상황들이 숫자로 정리되는 순간 지긋한 미소를 머금었고, '어! 그러네.' 하며 고개를 끄덕이기도 했습니다. 덕분에 통계학에 문외한인 저도 부담 없이 책장을 넘길 수 있었습니다.

이 책은 단순히 통계 지식을 전달하는 데 그치지 않습니다. 숫자를 통해 세상을 보는 새로운 시각을 제시하고, 합리적인 의사결정을 내리는 데 필요한 통찰력을 길러줍니다. 통계적 사고방식은 더 이상 전문가들만의 전유물이 아닙니다. 불확실한 시대를 살아가는 우리 모두에게 필수적인 역량입니다. 그러니 그들만의 리그이던 통계학이 딱딱한 학문의 갑옷을 벗고 일상 속으로 타박타박 걸어 들어오는 책입니다. 저자는 세상을 읽어내는 새로운 언어를 만듭니다. 소소한 이야기부터 다단한 사회 현상의 이면까지 그 내막을 밝혀줍니다. 이때 숫자는 미스터리를 하나씩 풀어가는 단서가 됩니다. 친근한 비유와 흥미로운 사례를 통해 독자들은 자연스럽게 일상에 숨겨진 통계학의 세계에 빠져들 것입니다.

이 책은 지식을 전달하려는 사명을 넘어 세상을 바라보는 새로운 프레임을 제시합니다. 편견과 오류를 극복하고 합리적인 판단을 내릴 수 있도록 돕습니다. 통계적 분석은 갈등을 고조시키고, 데이터는 숨겨진 진실을 밝혀냅니다. 독자들은 세상이라는 무대의 복잡한 앙상블을 숫자로 이해하고, 인간의 욕망과 갈등이 만들어낸 원리에 공감하게 됩니다. 책장을 넘기다 보면 편견과 선입견을 극복하고, 객관적인 시각으로 현실을 보는 자신을 발견하게 될 것입니다.

저자의 글은 명쾌합니다. 숫자와 언어를 자유자재로 구사하며 독자들에게 새로운 영감을 불어넣습니다. 창의적인 사고력을 향상시키는 데도 도움을 줄 것입니다. 유머와 위트가 넘치면서도 깊이를 잃지 않습니다. 극작을 하는 제가 통계학 책을 추천해드리는 까닭을 독자 여러분이 충분히 짐작하실 것으로 믿습니다. 통계학마저 일상의 일로 바꾸어 담아낸 이 책이야말로 사람살이의 지침서라 부를 수 있을 것입니다. 심규박 교수의 통계학 에세이 출간에 경의를 표합니다.

해가 뜨고 지고, 비가 오고 멎고, 바람이 불고 그치는 동안 언제 어디서든 으뜸이신 독자 여러분의 일독을 권합니다.

서 문

어느 날 강의를 마치고 나오는 길에 한 학생이 저에게 다가와 이렇게 말했습니다.

> **"교수님, 통계는 늘 어렵기만 해요. 숫자와 그래프만 보면 머리가 아파요."**

그 학생의 말은 많은 사람들이 가지고 있는 통계에 대한 첫인상을 그대로 보여줍니다. 숫자, 수식, 그래프, 표 …. 이런 것들은 왠지 딱딱하고 차갑게만 느껴지지요. 하지만 제가 오랫동안 통계를 연구하고 가르치면서 깨달은 것은, 통계는 결코 우리와 동떨어진 낯선 학문이 아니라는 점입니다. 오히려 통계는 우리가 살아가는 세상 속에 늘 함께하며, 우리가 세상을 이해하고 더 현명한 결정을 내릴 수 있도록 돕는 든든한 길잡이가 되어줍니다.

이 책을 쓰게 된 동기도 바로 여기에 있습니다. 신문이나 방송에서 하루도 빠짐없이 등장하는 숫자와 그래프들을 우리는 자주 접하지만, 정작 그 속에 담긴 의미를 제대로 이해하지 못하는 경우가 많습니다. "경제성장률이 높아졌다", "실업률이 낮아졌다", "출산율이 떨어졌다", "여론조사에서 누구의 지지율이 앞섰다"라는 뉴스들이 매일같이 쏟아집니다. 그러나 이 숫자들이 정확히 무엇을 말해주고 있으며, 또 어떻게 받아들여야 하는 지에 대해서는 깊이 생각하지 못하는 경우가 많습니다. 어떤 때는 통계가 사실을 비추는 거울 역할을 하지만, 또 어떤 때는 오히려 현실을 왜곡하는 도구로 사용되기도 합니다.

병원에서 환자 치료에 앞장섰던 플로렌스 나이팅게일이 사실은 뛰어난 통계학자였다는 사실을 아시는지요? 그녀는 수많은 자료를 수집하고 분석하여 '병사들이 전투에서가 아니라 열악한 위생 환경 때문에 목숨을 잃고 있다'라는 사실을 세상에 알렸습니다. 그리고 직접 고안한 그래프를 통해 이를 시각적으로 설득력 있게 보여주었습니다. 오늘날 '간호의 성인'으로 불리는 나이팅게일이 사실은 근대 통계학 발전의 주역 중 한 명이었다는 사실은 통계가 얼마나 사람들의 삶과 직결되어 있는지를 잘 보여줍니다.

여론조사 결과가 발표될 때마다 사람들은 "정말 믿을 수 있나?" 하는 의문을 가집니다. 조사마다 서로 다른 결과가 나오기도 하고, 실제 선거 결과와 차이가 나는 경우도 많기 때문입니다. 하지만 통계에 대한 기본적인 지식이 있다면 여론조사의 한계와 의미를 동시에 파악할 수 있습니다. "표본오차 ±2.5%p, 신뢰수준 95%"라는 문구가 단순한 장식이 아니라, 조사 결과를 어떻게 해석해야 하는지를 알려주는 중요한 힌트라는 사실을 알게 되지요.

이처럼 통계는 단순한 숫자의 나열이 아닙니다. 통계는 세상을 보는 창(窓)이며, 우리가 접하는 수많은 정보 속에서 무엇이 중요한지, 어떤 의미가 있는지를 구분해내는 도구입니다. 스포츠 경기에서 승부의 흐름을 읽는 것도, 물가 변화를 통해 우리의 생활비를 이해하는 것도, 복권 당첨 확률을 계산하는 것도, 결국은 통계와 관련이 있습니다. 더 나아가 기후 변화, 인공지능, 빅데이터와 같은 현대 사회의 중요한 화두들도 모두 통계적 사고를 통해 이해할 수 있어요.

저는 이 책에서 딱딱한 수학 공식 너머 통계가 우리 곁에 늘 함께해 온 이야기를 하고자 합니다. 신문과 인터넷에 소개되는 통계자료, 그리고 우리 생활 속에서 자연스럽게 접할 수 있는 사례들이 이 책의 주인공입니다. 통계는 결코 숫자 전문가들만의 전유물이 아닙니다. 오히려 신문을 읽는 일반 독자, 스포츠를 즐기는 팬, 장을 보는 주부, 투자에 관심 있는 직장인 누구에게나 꼭 필요한 지혜입니다.

이 책은 다음과 같은 주제로 구성했습니다.

- ▸ 첫 번째 주제 왜 통계일까?
- ▸ 두 번째 주제 생활 속의 통계
- ▸ 세 번째 주제 통계, 어렵지 않아요
- ▸ 네 번째 주제 궁금한 것 물어보기
- ▸ 다섯 번째 주제 통계를 대하는 올바른 자세

이 책에 수록된 17개 주제 가운데 여덟 개는 올해 봄 제가 재직하고 있는 대학교의 교내 언론인 '동대신문'에 기고했던 내용입니다. 그 내용을 수정 보완한 후 아홉 개의 주제를 더해 이 책을 완성했습니다.

저는 독자 여러분이 이 책을 통해 "통계는 어렵다"라는 선입견에서 벗어나, 통계가 얼마나 우리 곁에 가까이 있으며, 또 얼마나 흥미로운 이야기들을 품고 있는지 느끼기를 바랍니다. 책의 소제목은 '세상 이야기'로 정했으며, 내용은 이야기를 하듯 적었습니다.

끝으로, 원고를 제일 먼저 읽고 정성껏 교정을 도와준 아내에게 고마움을 전합니다. 또한 언제나 따뜻한 응원으로 힘이 되어준 수인과 혜윤 그리고 성준이, 윤서에게도 이 자리를 빌려 사랑하는 마음을 전합니다. 그들은 내가 가진 모든 것의 원천입니다. 어려운 여건 속에서도 이 책의 출판을 흔쾌히 허락해 주신 ㈜교우 오판근 대표님께도 깊이 감사드립니다. 이분들의 격려와 도움이 없었다면 이 책은 세상에 나오기 어려웠을 것입니다.

2025년 가을 경주 남산 기슭에서

심 규 박

목 차

첫 번째 주제 ≫ 왜 통계일까?

두 번째 주제 ≫ 생활 속의 통계

세 번째 주제 ≫ 통계, 어렵지 않아요

네 번째 주제 ≫ 궁금한 것 물어보기

목 차

첫 번째 주제

왜 통계일까?

세상 이야기 1

• 거짓, 새빨간 거짓, 그리고 통계
- 숫자로 보는 세상 이야기를 시작하며

여러분들은 문자가 없거나 심지어 휴대폰이 없는 세상을 상상해 본 적이 있나요? '타임머신', '투명인간'이라는 소설을 쓴 바 있는 허버트 조지 웰스(Hervert George Wells)는 19세기 말에서 20세기 초반에 활약했던 영국의 미래학자이며 작가입니다. 그는 "어느 날엔가 통계는 쓰기, 읽기와 마찬가지로 유능한 모든 시민이 알아야 할 지식이 될 것이다"며 일찍이 통계의 중요성을 강조하였어요.

휴대폰이 없는 세상을 상상할 수 없는 것과 마찬가지로 지금은 통계가 없는 세상을 상상할 수 없습니다. 우리들의 삶과 밀접한 관계가 있는 물가의 변동, 경기 예측 및 주식시세 흐름의 분석 등은 모두 통계의 지식이 필요한 영역이에요. 정치 사회적으로 매일 쏟아져 나오는 여론조사의 결과를 올바르게 해석해야 하는 일도 어쩔 수 없이 우리가 해야 할 일처럼 되어버렸습니다.

자동차를 만드는 공장에서는 자동화된 생산 라인에 따라 매일 수많은 자동차들을 생산합니다. 아무리 생산 공정이 바르게 되어 있다고 하더라도 불량품이 포함된 부품을 사용한다면 좋은 자동차가 될 수 없겠지요. 통계도 마찬가지예요. 통계는 '자료(data)'라는 원재료를 이용하여 '분석'이라는 과정을 거쳐 '정보(information)'라는 제품을 생산합니다. 사람들은 자동차를 편리하게 이용하듯 각자에게 필요한 정보를 잘 이용함으로써 편리한 삶을 누릴 수 있어요. 통계의 격언에 "쓰레기를 넣으면 쓰레기가 나온다(Garbage in, garbage out)"라는 말이 있습니다. 규격에 맞지 않는 불량한 부품을 사용하면 품질이 떨어지는 불량 자동차가 생산되는 것과 같이 오염된 자료를 사용하여 얻은 정보는 쓰레기와 같다는 의미입니다. 그래서 사람들은 통계학을 '데이터 과학'이라고 합니다.

[그림 1] 성공적인 투자를 위해서는 시장의 변동성을 분석하는 통계적 사고가 필요해요.

[그림 2] 올바른 정보를 얻기 위해서는 올바른 데이터를 사용해야 해요.

통계에서 자료를 얻는 방법에는 여러 가지가 있습니다.

첫 번째는 '관찰'을 통하는 방법이에요. 관찰은 의도된 결과를 얻기 위해 인위적으로 처리를 가할 수 없는 경우에 주로 사용합니다. 예를 들어, 자연에서 동물들이 먹고 자고 활동하는 패턴을 알기 위해 관찰할 수 있어요. 윤리적 이유로 인위적 처리를 할 수 없는 경우도 있습니다. 예를 들어, 비흡연자와의 비교를 위해 일부러 사람들에게 담배를 피우게 한다든지, 오염수 섭취에 따른 후유증 비교를 위해 화학공장과 가까운 곳의 지하수를 이용하게 한다든지 하는 행위는 아무리 중요한 절차라 해도 자료를 얻기 위해 강요할 수는 없습니다. 이런 종류의 자료는 장기간 흡연한 사람들의 병원 진료기록, 오염수 부근 지하수 이용자들의 건강검진 자료 등과 같이 이미 관찰된 결과를 이용할 수밖에 없습니다. 관찰 연구에 대해서는 '세상이야기 3'에서 다시 이야기하도록 해요.

[그림 3] "통계학자가 보고 있으니 이제 바나나를 먹어라." – 동물의 섭생은 인위적인 실험을 할 수 없으므로 '관찰'을 통해 자료를 얻습니다.

(그림 출처 : 심규박, 개념과 논쟁으로 배우는 통계학, 교우사)

두 번째는 '실험'을 통해 결과를 얻는 방법입니다. 실험은 여러 개의 집단에 실험 대상자들을 공평하게 배분한 후, 처리(process)를 가해 얻은 결과를 비교하는 방법입니다. 실험을 할 때는 성질이 다른 집단, 즉 실험집단과 통제집단을 설정할 수 있어요. 실험집단은 최근에 개발된 신약과 같이 새로운 결과를 얻기 위해 처리를 가하는 집단이고, 통제집단은 신약과 모양과 크기, 색깔 등이 똑같은 허위약(placebo)을 사용하는 집단입니다. 이때 집단들 사이에는 처리 이외에 모든 조건이 같아야 좋은 결과를 얻을 수 있어요. 실험 대상들을 두 집단으로 분류할 때는 실험자의 의도를 배제한 채 확률적으로 분류해야 하며, 실험자와 피실험자 모두 무슨 실험에서 어떤 처리를 하는지 알 수 없도록 실험 환경을 만드는 것도 중요합니다.

세 번째는 '조사'를 하는 방법입니다. 조사는 조사하고자 하는 집단의 크기 및 성질에 따라 그 집단에 속한 개체를 전부 조사하는 방법(전수조사)과 적절한 개수의 표본을 뽑아 조사하는 방법(표본조사)이 있습니다. 전수조사는 **센서스**(census)라 하기도 하는데, 대표적인 예가 국가데이터처(옛 통계청)에서 5년에 한 번 실시하는 '인구 및 주택 총조사'가 있어요. 과거에는 조사원들이 일일이 가정을 방문하여 조사했지만 최근에는 인터넷을 통해 조사 대상자들 스스로가 필요한 항목들을 입력하는 방법을 사용하고 있어요. 인구조사에서는 출생, 사망, 혼인, 경제활동 등과 같은 21개 항목을, 가구조사에서는 가구원 수, 월평균소득 등과 같은 15개 항목을 조사합니다. 또한 주택 종류, 거주형태 등 주거조사에서 실시하는 9개 항목을 더하여 모두 45개 항목을 5년마다 조사해요. 이 밖에도 종교인구에 대한 조사는 10년 간격으로, 성씨별 본관 조사는 15년 간격으로 조사합니다.

[그림 4] 2025 인구주택총조사 홈페이지(https://www.census.go.kr/)

대부분의 여론조사나 마케팅조사는 표본조사 방법을 이용합니다. 표본조사는 관심의 대상이 되는 개체들이 속한 집단인 모집단에서 적절한 개수의 표본을 추출하고, 추출된 표본을 대상으로 원하는 정보를 얻기 위해 실시하는 조사입니다. 표본조사를 실시할 때 가장 중요한 것은 뽑힌 표본이 모집단의 성질을 얼마나 많이 가지고 있는가의 여부입니다. 표본은 아무리 정밀하게 잘 뽑아도 모집단이 아니기 때문에 **표본오차**(sampling error)가 생길 수밖에 없으니 이를 고려해야 해요. 이에 관련한 이야기는 '세상 이야기 4'에서 자세하게 하도록 하겠습니다.

끝으로, 정보기술의 발달과 함께 다량의 자료를 발굴하는 방법을 **데이터 마이닝**(Data Mining)이라 하는데, 이 방법을 통해 얻은 자료를 **빅데이터**(Big Data)라 합니다.

여러분들은 백화점뿐 아니라 쿠팡과 같은 온라인 마트에서 맞춤형 광고를 받아본 적이 있나요? 조금만 주의를 기울이면 나와 내 친구가 같은 곳에서 받는 광고물의 내용이 다를 수 있다는 것을 알 수 있습니다. 우리는 물건을 살 때 별 생각 없이 신용카드나 포인트 카드를 사용합니다. 신용카드 회사와 마트에서는 여러분들이 사용하는 각종 카드를 통해 개인의 취향, 선호하는 장소, 잘 가는 단골 맛집 등을 알 수 있으며, 얼마나 자주 술을 마시는지, 언제 어디로 여행을 떠나는지도 알 수 있어요.

[그림 5] 빅데이터(Big Data)는 생활의 모든 분야의 자료가 디지털 환경에서 생성되므로 그 규모가 크고 생성주기도 짧아요.

우리는 그동안 카드 할인이나 무이자 할부, 포인트 행사와 같이 값싼 혜택을 받고 나도 모르게 내가 가진 나의 모든 정보를 카드회사와 마트에 넘겨주고 있었던 것입니다. 이때, 신용카드 회사와 온오프라인 마트에서는 여러분들을 대상으로 자료를

[그림 6] 신용카드 회사와 온오프라인 마트에서는 소비자들을 대상으로 자료를 채굴하는 형식의 데이터마이닝을 하고 있습니다.

채굴하는 형식의 데이터마이닝을 하고 있으며, 이렇게 얻은 자료를 통해 개인에 맞는 마케팅을 할 수 있었어요. 의료보험관리공단에서는 우리나라 모든 국민들이 의료기관에서 진료를 받은 자료를 수집하고 있습니다. 누적된 자료는 빅데이터가 되어 우리나라 국민들의 질병 관련 연구나 국가정책의 수립에 활용되고 있고, 개인의 건강검진 주기와 이전에 치료받았던 질병을 중심으로 검사를 안내하기도 해요.

앞에서 이야기했던 방법들로부터 얻은 자료를 분석해 보면 '자료의 구조'를 알 수 있으며, 자료의 구조를 잘 해석하여 얻은 것이 바로 우리가 얻고자 하는 '정보'입니다. 선거에 출마한 후보자는 지역 유권자들의 특징을 성별, 나이 및 출생 지역에 따라 나누었을 때, 본인을 지지하는 유권자들의 특성을 알고 싶어 합니다. 여론조사 회사에서는 지역 유권자들의 자료적 특징에 맞게 표본을 추출해야 하겠지요.

모집단에서 표본을 추출하는 방법은 여러 가지가 있으나, 선거여론조사에서는 표본을 모집단의 비율에 맞게 추출하는 방법인 '비례층화 추출법'을 많이 사용합니다. 만약 모집단 분포에 맞지 않게 표본을 뽑았다면, 잘못된 표본에서 얻은 정보로 수립한 선거전략은 실패할 수밖에 없겠지요. 좋은 자료는 좋은 정보가 되어 좋은 결과를 가져옵니다.

19세기 영국의 정치가이자 작가인 벤저민 디즈레일리(Benjamin Disraeli)는 "세상에서 가장 나쁜 것이 세 가지가 있는데, 이는 거짓, 새빨간 거짓, 그리고 통계이다."라고 말했습니다. 잘못된 통계는 진실을 덮는 천막이 될 수도 있고, 거짓을 덮는 화장품이 되어 진실처럼 보이게 하는 역할을 할 수도 있어요. 어느 경우이든 통계를 이용한 거짓은 과학적 수단과 믿음을 이용한 거짓이므로 가장 나쁜 것입니다. 따라서, 우리가 통계에 대한 이해를 더 많이 하게 되면 어떤 것이 '천막'인지 어떤 것이 '화장'을 한 것인지 금방 알 수 있겠지요.

나는 이 책을 통해 좋은 자료를 얻는 방법, 얻어진 자료를 잘 분석하는 방법, 그리고 통계를 통해 알고 싶은 이야기들, 통계를 대하는 올바른 자세가 어떤 것인지 등을 정치, 사회, 경제 문제와 같이 우리 생활과 늘 함께하는 분야의 사례를 통해 쉽고 재미있게 설명하고자 합니다.

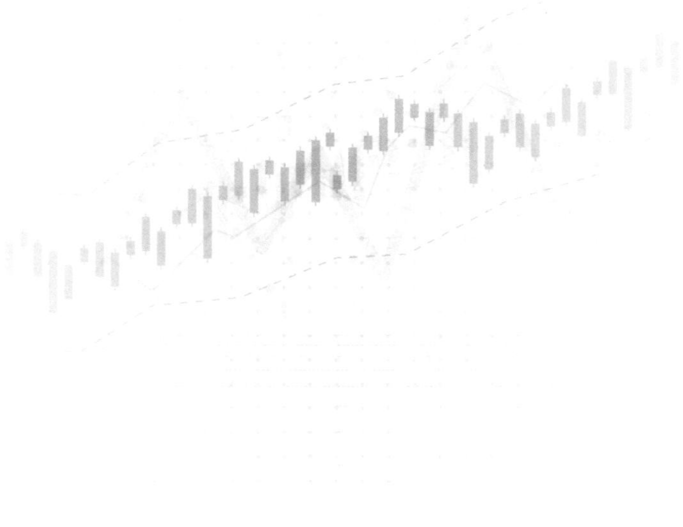

세상 이야기

2

• 나이팅게일이 통계학자라는 사실을 아시나요?
- 올바로 그린 그래프와 잘못 그린 그래프 이야기

우리는 실험이나 관찰, 조사, 그리고 데이터 마이닝을 통해 필요한 자료를 수집할 수 있음을 알았어요. 우리가 수집한 자료는 그 성질에 따라 **정량적 자료**(quantitative data)와 **정성적 자료**(qualitative data)로 나눌 수 있습니다.

어느 날 동네 산부인과 병원에서 10명의 신생아가 태어났다고 합시다. 병원에서는 신생아의 차트에 각각 성별, 혈액형, 신장, 몸무게 등과 같은 특성을 기록하겠지요. 기록된 자료를 보고 10명의 평균 신장과 평균 몸무게는 누구나 계산할 수 있습니다. 그러나, 성별과 혈액형에 대한 평균은 계산할 수 없으므로 남자 5명, 여자 5명 등과 같이 빈도수로 자료의 특징을 나타낼 수 있어요. 이와 같이. 평균과 같은 대표값을 계산할 수 있는 자료를 정량적 자료(또는 양적 자료)라고 하고, 범주에 대한 빈도수를 얻을 수 있는 자료를 정성적 자료

(또는 질적 자료)라 해요. 정량적 자료와 정성적 자료는 그 성질이 다르므로 이 자료를 이용하여 그릴 수 있는 그래프도 같지 않습니다.

스코틀랜드의 엔지니어이자 경제학자인 윌리엄 플레이페어(William Playfair, 1759~1823)는 그래프를 이용하여 자료를 분석할 수 있다고 주장한 선구자예요. 그는 논리의 흐름을 표시하는 플로우차트 형태의 다이어그램을 처음 사용하였으며, 1786년에 출간된 저서 '경제와 정치지도(Commercial and Political Atlas)'에 기고한 문서에는 1781년에 스코틀랜드와 무역한 17개 국가의 수출입 현황을 막대그래프를 이용하여 표시하였습니다.

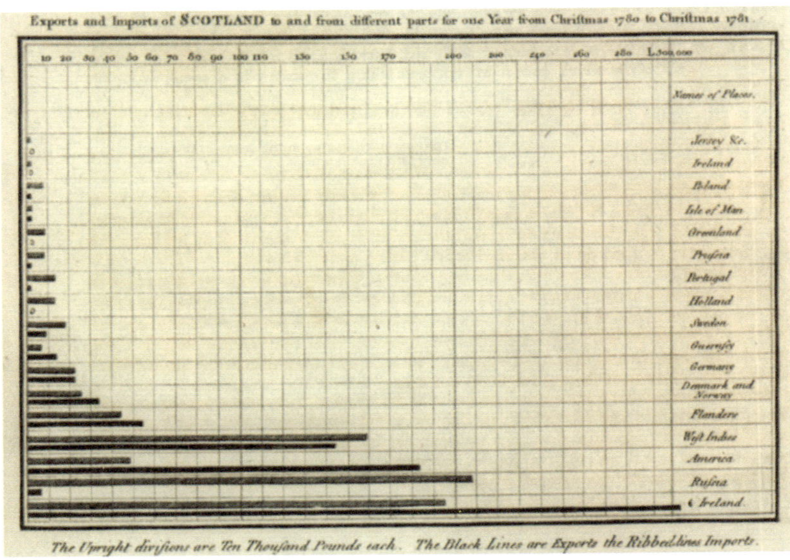

[그림 1] 윌리엄 플레이페어가 그린 1781년에 스코틀랜드와 무역한 17개 국가의 수출입 현황에 대한 막대그래프

그가 그렸던 이 그래프는 통계적 의미를 가진 최초의 막대그래프로 평가받고 있어요. 그가 '경제와 정치지도'를 통해 최초로 발표한 그래프는 44개나 되며, 1801년에 발간한 '통계개요(Statistical Breviary)'에서는 전체와 부분 사이의 관계를 표시하기 위해 원그래프를 처음으로 사용하였으니, 그는 그래프를 이용한 데이터 시각화의 선구자라 할 수 있습니다.

플로렌스 나이팅게일(Florence Nightingle, 1820~1910)은 데이터를 이용해 막대그래프와 원그래프를 합한 형태인 일종의 **인포그래픽**(infographics)을 처음 만들었어요. 1853년 러시아가 크림반도와 흑해를 얻기 위해 영국, 프랑스 등과 벌인 전쟁이 크림전쟁입니다. 이 전쟁으로 많은 수의 군인들이 사망하는데, 실제로는 전장에서 전사하는 군인들 숫자보다 야전병원에서 사망하는 군인들의 숫자가 더 많았다고 합니다.

당시 종군 간호사로 근무 중이던 나이팅게일은 그 이유에 대해 의문을 가지게 되었어요. 그녀는 근무하던 병원에 입원한 군인들의 입원과 퇴원 기록 그리고 병원의 청결 상태 등을 데이터화하기 시작했습니다. 나이팅게일은 수집된 자료를 항목에 따라 분석하였는데, 분석 결과

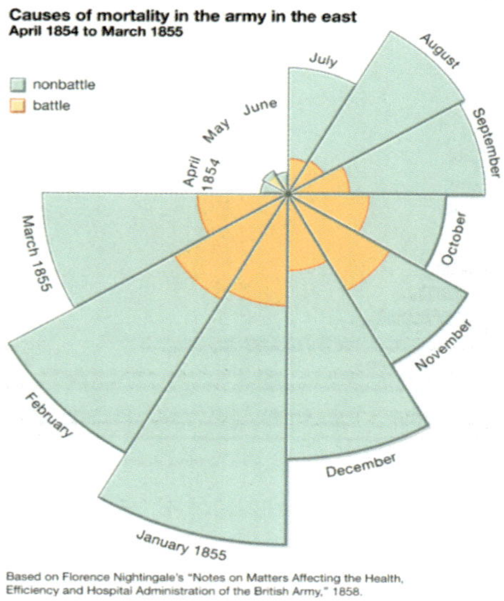

[그림 2] 나이팅게일이 그린 병사들의 사망원인에 관한 그래프(1854년 4월~1855년 3월)

전투 중 전사한 병사보다 야전병원의 청결 상태가 문제가 되어 사망한 군인의 숫자가 훨씬 많다는 것을 알게 되었어요. 그녀는 800페이지가 넘는 보고서를 다른 사람들도 쉽게 이해할 수 있게 그래프로 그렸습니다. 자료를 항목에 따라 분류하여 그래프로 나타낸 사람은 나이팅게일이 최초였어요.

나이팅게일이 그린 그래프는 모양이 장미와 닮았다고 해서 장미그래프라 불리는데, 노란색은 전투에서 전사한 군인의 수이고 푸른색은 전투가 아닌 상황에서 사망한 군인의 수입니다.

역사적으로 수많은 전투를 경험했던 영국 정부는 전쟁에서 승패를 결정하는 제일 중요한 사항은 물자보급이라 믿고 있었어요. 전쟁에서 사망한 군인들 가운데 많은 수가 전투에서 입은 부상보다는 야전병원의 위생 불량으로 생긴 전염병으로 사망했다는 나이팅게일의 보고서에 영국정부는 커다란 충격을 받았습니다.

[그림 3] **플로렌스 나이팅게일**
(Florence Nightingle, 1820~1910)

결국, 나이팅게일의 보고서에 공감한 영국 정부에서는 전쟁에서 병사들을 위해 물자를 보급하는 것과 마찬가지로 야전병원의 청결한 위생 상태에도 많은 노력을 기울였습니다. 그 결과 병원에서 사망한 군인들의 사망률을 전체 사망자 대비 42%에서 2%로 40% 포인트나 줄이게 되었어요. 이는 영국과 프랑스 등 동맹국이 크림전쟁에서 승리한 중요한 원인 가운데 하나로 평가되었습니다.

자료의 특징은 평균, 표준편차와 같은 숫자로 나타낼 수도 있지만 나이팅게일이 했던 것처럼 그래프로도 나타낼 수 있습니다. 제대로 그린 한 장의 그래프는 한 권의 보고서보다도 정보를 알 수 있는 효과가 더 클 수도 있어요.

나이팅게일은 크림전쟁이 끝나서도 이 전쟁에서의 경험을 바탕으로 영국군의 전사자와 부상자에 관한 방대한 자료를 분석하였습니다. 그 결과 본인이 근무했던 곳 이외 병원에서도 많은 병사들이 부상 자체가 아닌 병원 위생 상태의 불량으로 인한 전염병 등에 의해 사망했음을 밝혀내었습니다. 나이팅게일은 의료인으로서 환자를 치료하는 일에 충실했으며, 통계학자로서 국가의 의료정책을 수립하는 데도 큰 발자취를 남겼어요. 자료의 수집과 정확한 분석, 올바른 해석을 통해 얻은 정보를 바탕으로 국가를 위기에서 구했던 그녀는 1858년 영국 왕립통계학회 최초의 여성회원으로 선출되었습니다.

설명한 바와 같이 윌리엄 플레이페어와 나이팅게일은 그래프로 자료의 성질을 잘 표현한 선구자였어요. 그들이 그렸던 그래프를 포함하여 우리가 쉽게 볼 수 있는 그래프도 몇 가지 규칙을 알면 더 쉽고 재미있게 이해할 수 있습니다.

그래프는 취득한 자료의 성질에 따라 다르게 그려야 합니다. 성별(남자와 여자), 혈액형(A, B, O, AB), 사회경제적 계층의 분류(상류층, 중산층, 하위층), OECD 내 국가, 질병의 종류 등과 같이 하나의 변수가 몇 개의 범주값을 포함하고 있는 형태의 변수를 그래프로 나타내기 위해서는 막대그래프나 원그래프가 좋습니다. 예를 들어, OECD에 가입한 21개 주요 국가들의 국내 총생산 관련 자료를 막대그래프로 나타내면 국가들 사이의 분기별 증감률에 관한 정보를 한눈에 알 수 있어요.

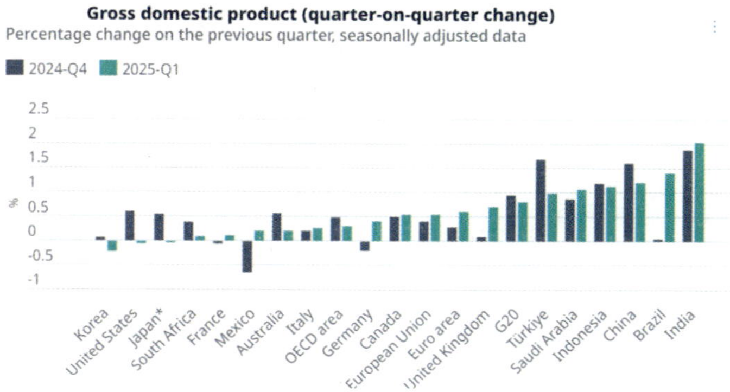

[그림 4] 주요 OECD 국가들의 국내 총생산 – 2025년 1분기의 2024년 4분기 대비 증감률 (출처 : data.oecd.org)

[그림 4]를 보면 각 나라들의 경제 상황에 따라 부침이 있었지만, 2024년 4분기에 비해 브라질의 2025년 1분기 성장률이 눈에 띄게 높았음을 알 수 있어요. 우크라이나와 러시아의 전쟁 탓인지 유럽 국가들의 성장률은 다소 낮았고, 우리나라와 일본, 미국은 마이너스 성장을 했음을 알 수 있습니다.

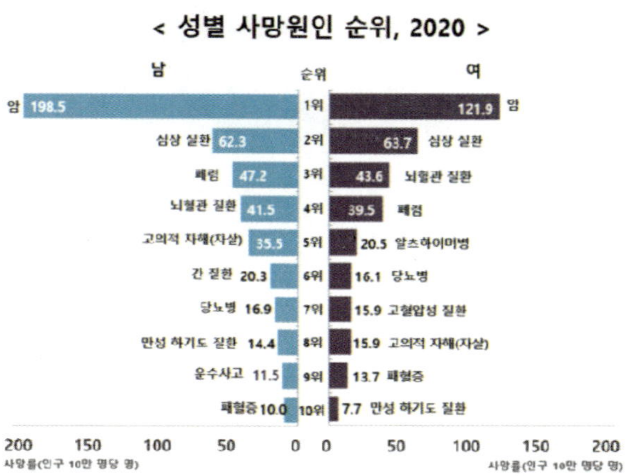

[그림 5] 2020년 우리나라 국민들의 사망원인을 그린 막대그래프 (출처 : 국가데이터처)

막대그래프를 [그림 5]처럼 그릴 수도 있어요. [그림 5]는 2020년 우리나라 국민들 사망원인을 성별로 비교하기 위해 그린 그래프입니다. 첫 번째와 두 번째 사망원인은 같으나, 세 번째와 네 번째 사망원인인 뇌혈관 질환과 폐렴의 남녀별 순서가 서로 바뀌었음을 알 수 있어요. 남자의 사망원인 10위 안에 없는 알츠하이머가 여자 사망원인의 다섯 번째라는 사실이 눈에 띕니다.

원그래프는 변수가 5~6개 정도 되는 범주값을 가질 때 시각적으로 정보를 읽기가 좋습니다. 원그래프에 포함되는 조각의 크기는 자료의 크기에 비례하여 원의 각도를 정하면 되겠지요. 그러나, 변수가 가지는 범주값의 수가 너무 많은 경우에는 원그래프를 잘 사용하지 않습니다. 각도의 차이를 분간하는 것이 의미가 없기 때문이에요.

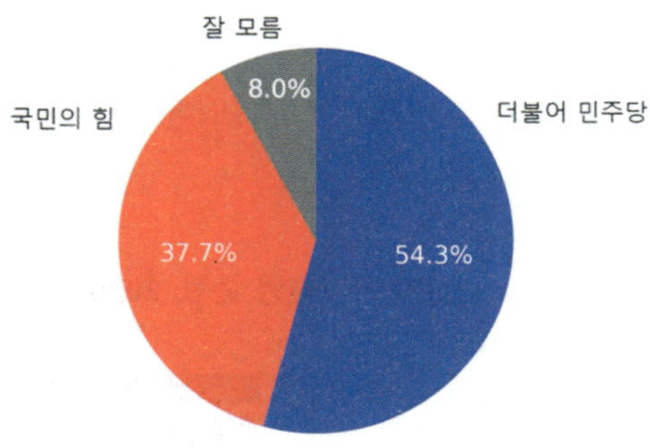

[그림 6] 22대 국회 원구성 관련 여론조사 결과 그래프(조사기관 : ㈜ 조원씨앤아이, 전국 18세 이상 남녀 2,005명, 표본오차 : 95% 신뢰수준에 ±2.2%p)

2024년에 치러진 22대 국회의원선거 결과는 당시 야당이었던 민주당의 압승으로 끝났습니다. 그동안 법사위원회의 상임위원장은 국회 제2당이, 운영위원회의 상임위원장은 여당이 맡는 것이 관례였답니다. 그러나, 민주당은 선거의 결과를 바탕으로 두 상임위원회의 위원장을 민주당이 맡아야 한다고 주장했습니다. [그림 6]은 이 문제에 대한 여론조사 결과를 원그래프로 나타내었습니다.

응답 항목이 3개이니 한눈에 여론조사 결과를 알 수 있어요.

수집한 자료가 키, 몸무게, 주식시세 등과 같이 범주가 아닌 숫자로 되어 있는 경우는 막대그래프나 원그래프가 타당하지 않아요. 예를 들어, 올해 어느 대학교에 입학한 신입생 2,000명의 키를 모두 막대그래프로 나타낼 수는 없습니다. 이 경우는 키를 몇 개의 계급구간으로 나눈 후 계급 내 인원수를 세고, 계급 구간과 인원수에 대한 히스토그램(histogram)을 그리는 것이 좋습니다.

우리나라 수출입 변동량은 해마다 변합니다. 사람의 키와 몸무게도 시시각각 변하며, 주식의 가격도 매일 변동이 되겠지요. 이처럼 시간의 흐름에 따라 변하는 자료를 시계열 자료라고 합니다. 시계열 자료는 막대그래프나 히스토그램으로 나타내기에 부적절하므로 꺾은선 그래프로 표시하는 것이 옳아요.

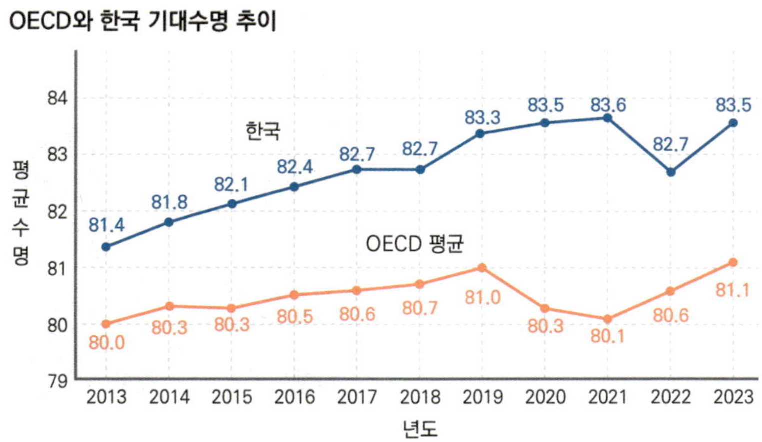

[그림 7] OECD국가와 한국의 기대수명 추이 (자료출처 : 보건복지부)

[그림 7]은 2025년 7월 30일 보건복지부가 공개한 'OECD 보건통계(Health Statistics) 2025' 보고서에 수록된 2013년부터 2023년까지 OECD에 속한 국가의 국민과 우리나라 국민의 기대수명의 변화를 1년마다 표시한 꺾은선 그래프입니다. 이 그래프를 보면 2023년 기준 우리나라 국민의 기대수명은 83.5년으로, OECD 국가 평균(81.1년)보다 2.4년이 길었다는 것을 알 수 있어요.

그래프를 이용하여 정보를 나타내는 것이 중요하다보니 숫자를 조작하듯 그래프를 조작하여 그리는 경우도 많습니다. 막대그래프의 경우 원점(0)에서 시작하지 않게 그린 것은 조작의 의도를 의심할 수 있어요. 원점에서 시작하지 않은 그래프는 비교하고자 하는 항목들 사이의 비율에 오류가 생깁니다. 좀 오래된 신문에서 그 예를 찾아볼까요? 1993년 당시에는 석유와 같은 화석연료를 원자력이나 풍력과 같은 청정연료로 대체하는 것이 국가의 에너지 정책이었습니다. 1990년 기준으로 우리나라의 화석연료의 의존도는 80.4%로 프랑스의 의존도인 52.5%에 비해 27.9%포인트 정도 높았을 뿐입니다.

그러나 [그림 8]을 보면 우리나라가 프랑스에 비해 화석연료의 의존도가 약 5배 정도 높은 것으로 착각할 수 있어요. 세로축에 원점(0)을 표시하지 않아 막대 높이의 비율을 조작할 수 있었습니다. 이 그래프는 국가의 에너지 정책을 지지하

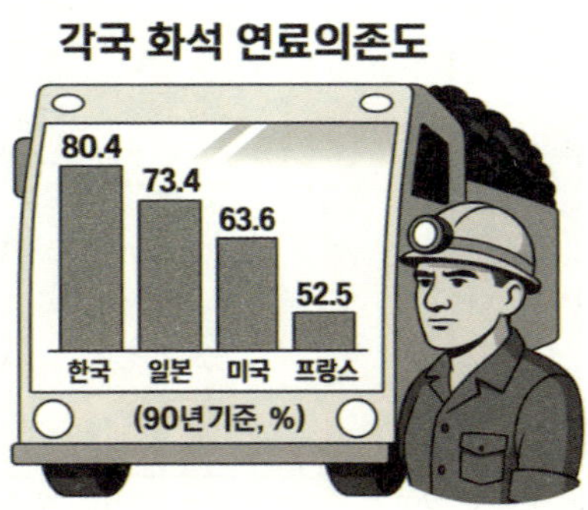

[그림 8] 비율을 조작하려는 의도가 담긴 막대그래프

는 언론사에서 의도적으로 그린 그림인 것 같아요.

꺾은선 그래프도 시간의 흐름과 꺾은선의 의미를 잘못 설명하면 잘못된 정보를 전달할 수 있습니다. 2018년 청와대에서는 '고용원이 있는 자영업자의 수'가 늘었다고 발표하였습니다. 그러나, '카드사태', '글로벌 금융위기' 및 '세월호·메르스 사태'와 같이 경제가 어려울 때도 고용원이 있는 자영업자의 수는 증가하였어요.

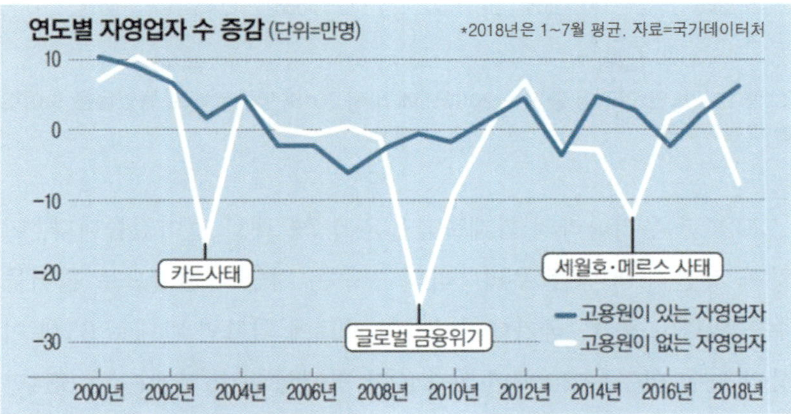

[그림 9] 연도별 자영업자 수 증감 (단위=만 명, 출처 : 국가데이터처)

[그림 9]를 보면 정부의 긍정적인 발표와는 달리 오히려 자영업자의 증감이 과거 카드대란, 글로벌 금융위기 및 메르스 사태 때와 그래프의 모양이 유사한 형태를 보이고 있습니다. 이 그래프가 말하고자 하는 내용을 아는 국민들은, 고용원이 없는 자영업자들의 수가 큰 사건이 있을 때마다 큰 폭으로 줄어드는 것에 대해 오히려 나라 걱정을 해야 할 상황이에요.

(그림 가) (그림 나)

[그림 10] 노인 인구의 증가 – 2000년에 비해 2015년이 두 배로 늘었음을 보여주는 그림그래프

2024년 우리나라의 합계출산율은 0.7% 대로 떨어졌습니다. 이렇게 가면 2100년쯤 우리나라의 인구는 지금의 절반으로 줄어들 수도 있다고 해요. 국가데이터처의 자료에 의하면 반대로 65세 이상의 노인 인구는 2000년 약 340만 명에서 2015년에는 약 654만 명으로 약 두 배 늘었다가, 2025년에는 약 1천50만 명이 되어 2000년 대비 약 3배로 증가할 것으로 예측됩니다.

[그림 10]을 보면 두 개의 그래프 모두 노인 인구가 두 배 늘었음을 표현하고 있습니다. (그림 가)의 경우 노인 인구의 급속한 증가를 강조하는 마음으로 그린 것 같아요. 그림의 크기를 비교해 보면 약 4배 정도로 증가한 것으로 착각하게 하는 그래프로서 잘못된 것입니다. 당연히 (그림 나)처럼 그려야 하겠지요. (그림 가)는 노인 인구의 급격한 증가를 걱정하는 마음으로 작성된 것이겠지만, 의도가 담긴 그래프는 원래 전달하고자 하는 정보를 제대로 전달할 수 없습니다.

윌리엄 플레이페어가 통계적 의미를 담은 그래프를 처음 사용한 이후, 현대 통계학에서 데이터 과학의 아버지라 불리는 죤 튜키(John Wilder Tukey, 1915~2000)는 자료의 구조와 그래픽을 이용한 탐색적 자료분석(Exploratory data analysis, EDA)을 창안하였어요. 그는 가공하지 않은 자료를 이용하여 그래프를 그리는 과거의 방식을 지양하고, 자료로부터 얻은 통계량인 다섯 숫자 요약(five-number summary)을 바탕으로 상자 수염 그림(box-and-whisker plot, 상자그림)을 만들었습니다. 상자그림은 자료의 시각화를 통해 EDA를 실행하는 중요한 수단 가운데 하나가 되었어요. 다섯 숫자란 자료를 오름차순으로 나열하였을 때, 최소값, 제1사분위수, 제2사분위수, 제3사분위수 및 최대값을 의미합니다.

행크 아론(Hank Aaron)과 베리 본즈(Barry Bonds)는 미국 프로야구의 대표적인 강타자입니다. 베리 본즈는 2001년 73개의 홈런을 쳐서 당시 미국 프로야구 메이저리그 신기록을 세우기도 했어요.

[표 1] 행크 아론(Hank Aaron)의 연도별 홈런 수

연도	1955	1956	1957	1958	1959	1960	1961	1962	1963	1964	1965
홈런수	27	26	44	30	39	40	34	45	44	24	32

연도	1966	1967	1968	1969	1970	1971	1972	1973	1974	1975	1976
홈런수	44	39	29	44	38	47	34	40	20	15	13

[표 2] 베리 본즈(Barry Bonds)의 연도별 홈런 수

연도	1986	1987	1988	1989	1990	1991	1992	1993	1994	1995	1996
홈런수	16	25	24	19	33	25	34	46	37	33	42

연도	1997	1998	1999	2000	2001	2002	2003	2004	2005	2006	2007
홈런수	40	37	34	49	73	46	45	45	5	26	28

이 두 선수의 홈런 수의 분포를 비교하기 위해 그린 상자그림은 다음과 같습니다.

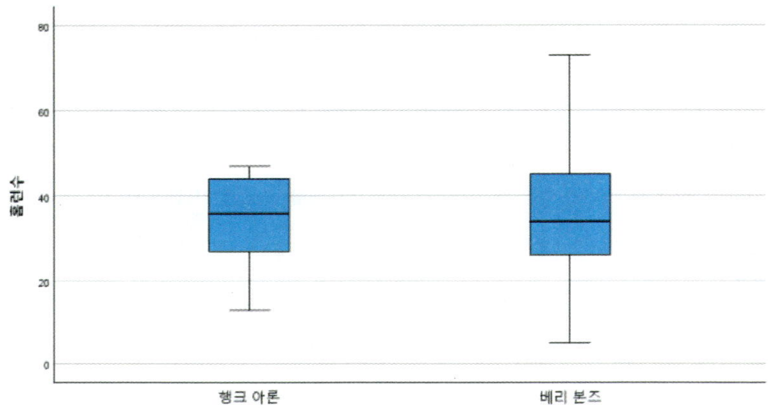

[그림 11] 행크 아론과 베리 본즈의 홈런 수를 비교하기 위해 그린 상자그림

상자그림에서 상자 가운데 표시한 진한 선은 중앙값(median)을 나타내며, 상자의 아래 위는 제1사분위수와 제3사분위수 값을 나타냅니다. 상자 밖 실선으로 표시된 부분의 끝은 각각 자료의 최대값과 최소값을 의미해요. 중앙값과 사분위수에 대해서는 '세상 이야기 7'에서 설명하겠습니다.

[그림 11]과 같이 나란히 배치한 상자그림은 자료의 흩어짐을 비교하는 데 유용합니다. 위의 상자그림을 보면, 베리 본즈 선수의 홈런 수에 대한 편차가 행크 아론 선수에 비해 크다는 것을 알 수 있어요. 베리 본즈 선수는 컨디션이 좋았던 해에는 73개의 홈런을 쳤으나 그렇지 못한 해에는 5개를 친 적도 있습니다. 반면 행크 아론 선수는 13개에서 47개까지 쳐서 기복이 없는 컨디션으로 선수 시절을 보냈어요.

윌리엄 셰익스피어는 비극 10편, 희극 17편과 역사극 10편의 연극작품을 쓴 영국의 문호입니다. 그는 언어의 마술사답게 작품 속에서 다양한 단어를 구사하였으며, 단어를 연결하여 1,700여 개에 이르는 새로운 단어도 만들었어요. 그가 만든 Bedroom(침실), lonely(외로운), majestic(장엄함) 등은 지금도 우리가 익숙하게 쓰고 있는 단어들입니다.

영어 알파벳 단어의 길이 기준으로 그가 사용한 단어의 길이에 대한 통계가 있어 흥미롭습니다. 그가 사용한 단어 길이에 대해 히스토그램을 그리면 [그림 12]와 같이 된다고 해요. 짧은 단어(3개 또는 4개 알파벳)의 수는 많고, 매우 긴 단어(10개, 11개, 또는 12개 알파벳)는 아주 적기 때문에 히스토그램의 오른쪽 꼬리는 왼쪽 꼬리에 비해 더 멀리 뻗어 있습니다. 분포의 중심은 대략 4 정도입니다. 즉 4개 또는 더 적은 알파벳을 갖는 셰익스피어의 단어는 대략 전체의 반이란 의미예요.

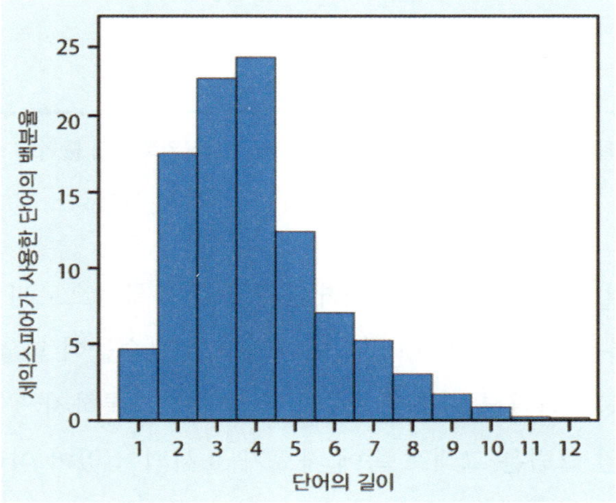

[그림 12] 셰익스피어가 사용한 단어의 길이(알파벳 수)에 대한 비율을 나타내는 히스토그램

히스토그램은 가로축의 눈금이 통계적 의미를 가질 때 사용하는 그래프인 점에서 막대그래프와는 다릅니다. 개수가 많은 비율형 자료는 도수분포표를 이용하여 정리할 수 있는데, 도수분포표를 그림으로 나타낸 것이 히스토그램이며 가로축은 계급 구간에 해당합니다.

자료의 개수가 많지 않은 경우 줄기-잎 그림(stem-and-leaf plot)을 사용할 수 있어요. 줄기-잎 그림은 자료를 높은 자리 수와 낮은 자리 수로 분할한 뒤 높은 자리 수를 줄기, 낮은 자리 수를 잎으로 표시하는 그래프예요.

1.00	0 .	5
2.00	1 .	69
5.00	2 .	45568
6.00	3 .	334477
7.00	4 .	0255669
.00	5 .	
.00	6 .	
1.00	7 .	3

[그림 13] 베리 본즈의 홈런 수에 대한 줄기-잎 그림(왼쪽부터 줄기에 속한 자료의 개수, 줄기, 잎)

베리 본즈 선수는 2001년 73개의 홈런을 기록함으로써 메이저리그 신기록을 세웠지만 2005년 메이저리그 선수들이 파업을 할 때 시즌 단축과 컨디션 난조로 5개의 홈런밖에 기록하지 못했어요.

줄기-잎 그림은 그래프 속에 자료가 표시되어 있어 이러한 기록을 모두 볼 수 있다는 장점이 있습니다. [그림 13]에서 0, 1, ⋯ , 7까지의 숫자는 10단위의 수로서 줄기에 해당하고, 줄기의 오른쪽에 위치한 나머지 숫자들은 잎에 해당해요. 줄기-잎 그림에서도 알 수 있듯이 홈런수 73개는 나머지 자료 집합과는 동떨어져 있는 숫자이므로 이상값으로 판단할 수 있습니다.

베리 본즈선수의 홈런수에 대한 히스토그램은 다음과 같습니다.

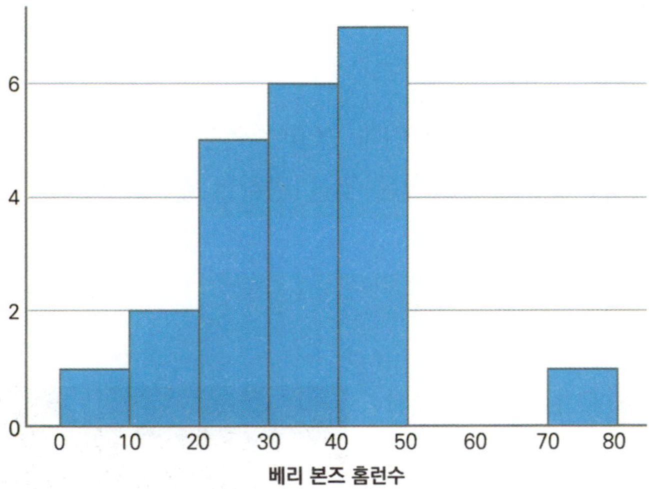

[그림 14] 베리 본즈의 홈런 수에 대한 히스토그램

[그림 13] 줄기-잎 그림과 [그림 14] 히스토그램을 비교해 볼까요? 히스토그램은 분포의 모양은 쉽게 알 수 있으나, 막대 속에 포함된 숫자는 알 수 없습니다. 줄기-잎 그림은 숫자를 포함한 히스토그램이 누워있는 모습을 하고 있어요.

지금까지 우리는 여러 가지 그래프를 보며 어떤 성질을 가진 자료에는 어떤 그래프를 그리는 것이 좋다는 사실을 알았습니다. 신문이나 방송 등 여러 가지 매체에서 쉽게 볼 수 있는 그래프를 보며 그래프가 말하고자 하는 것이 무엇인지 생각해보면 좋을 것 같아요.

세상 이야기 3

• 관찰과 통계의 토대 위에 건설한 인천국제공항

 - 보는 것만으로도 많은 것을 관찰할 수 있다

[그림 1] 국 맛을 알기 위해 가마솥에 있는 국물을 모두 마셔야 할까요?

가마솥에 끓이는 국물의 맛을 알아보기 위해 국물을 모두 마셔봐야 할까요? 어머니들은 국을 끓일 때 단계별로 필요한 양념을 넣은 다음 골고루 섞이도록 잘 저은 후 한 숟가락 떠서 국물 맛을 봅니다. 모집단에서 좋은 표본을 뽑는 방법도 국물의 맛을 보는 것과 같아요. 이때 국자의 크기보다도 얼마나 잘 젓는가의 여부가 가마솥 국물 맛을 판단할 수 있는 근거가 되겠지요.

[그림 1]은 표본조사를 설명할 때 자주 사용하는 그림이에요. 가마솥에 담긴 국 전체를 모집단이라 할 때, 국자로 푸는 것은 표본을 추출하는 의미입니다. 국 맛을 제대로 아는 것은 국자의 크기가 아니라 얼마나 잘 저어서 국을 푸는가에 달려있어요. 따라서, 표본조사를 할 때는 표본의 크기도 중요하지만, 모집단의 성질을 제대로 가지고 있는 표본을 얼마나 잘 뽑느냐 여부가 더 중요합니다.

음식의 맛은 좋은 재료와 훌륭한 레시피가 잘 어우러진 작품과 같은 것이에요. 요리사는 같은 재료를 사용하더라도 그 재료의 성질에 맞는 레시피를 마련해야 맛있는 음식을 만들 수 있겠지요. 데이터는 음식을 만들 때 사용하는 재료와 같은 것이며, 통계분석 방법은 레시피라 할 수 있습니다. 과거에는 정부나 공공단체 등 권위있는 기관에서 수집한 데이터와 그곳의 분석 결과를 그대로 받아들여 사용하는 경우가 많았지요. 주가지수를 비롯한 각종 경제지표와 언론기관의 여론조사 결과 등은 정보 생산자가 결과를 발표하면 정보 소비자는 그대로 믿고 활용하였습니다. 그러나, 요즈음은 필요한 정보가 있으면 누구나 규칙에 맞는 방법으로 스스로 실험, 관찰을 할 수 있으며 전수조사나 표본조사를 통해 데이터를 취득하여 분석할 수 있어요. 따라서, 현대인들은 정보 소비자인 동시에 정보 생산자이기도 합니다.

관찰연구(observational study)는 일정 시간 동안 연구 대상을 감각이나 관찰 도구를 활용해 지켜보고 그 결과를 기록함으로써 자료를 수집하여 연구하는 방법입니다. 관찰자가 어떤 역할을 하는가에 따라, 관찰연구의 성과는 달라지기도 해요.

관찰연구의 대표적인 사례로 제인 구달(Jane Goodal, 1934~2025) 박사의 침팬지 섭생에 관한 연구가 있습니다. 제인 구달은 영국의 동물학자이며 환경운동가입니다. 그녀가 침팬지의 섭생을 연구하기 위해 아프리카로 간다고 했을 때, 많은 사람들은 그녀의 결정을 이해하지 못했어요. 그 당시만 해도 침팬지들은 동물원에서도 얼마든지 볼 수 있는 동물이고, 그들의 섭생도 동물원에서 관찰하면 된다고 생각했습니다. 그러나, 구달 박사는 제한된 환경에서 실시한 관찰연구의 결과는 역시 제한적이 될 수밖에 없다고 생각했습니다. 그래서 그녀는 과감하게 아프리카로 향했어요.

[그림 2] 제인 구달 박사가 치료를 마친 챔팬지를 자연으로 풀어주는 장면

(유튜브 캡처)

그녀가 연구했던 곰비국립공원(Gombe Stream National Park)은 탄자니아의 서부에 위치하며 열대우림으로 구성되어 있어 원숭이와 침팬지 등 많은 영장류들이 서식하고 있는 곳이에요. 그녀는 1960년부터 이곳에 거주하면서 다양한 영장류들의 생활을 관찰하였습니다. 당시만 해도 침팬지는 채식 동물로만 알려져 있었는데, 육류도

섭취한다는 사실을 처음 확인하였습니다. 그녀는 침팬지가 도구를 사용하는 것을 밝혀냄으로써 인간만이 도구를 사용한다고 믿었던 당시 학계의 정설을 완전히 뒤집어 놓았어요. 이러한 사실 이외에도 침팬지는 상황에 따라 다양한 감정을 그들의 언어를 통해 나타낼 수 있다는 사실 등을 관찰을 통해 알아내었습니다. 그녀는 야생에서 침팬지의 행동에 대해 관찰한 모든 것들을 꼼꼼히 기록하였으며, 침팬지들이 감정표현에서 사용하는 언어를 습득하여 사용하기도 했을 정도였습니다.

다쳐서 낙오했던 침팬지를 치료하여 자연으로 돌아가게 하는 모습을 유튜브를 통해 볼 수 있는데, 숲으로 들어가려던 침팬지가 다시 돌아와 그녀의 품에 안겨 감사의 마음을 표현하고 떠나는 모습은 전 세계인들에게 감동을 주었습니다.

제인 구달박사의 침팬지에 대한 관찰연구는 관찰이라는 절차를 통해 자료를 얻는 방법의 고전으로 평가되고 있습니다. 그녀의 연구 방법이 바탕이 되어 훗날 많은 학자들이 관찰연구를 통해 좋은 자료를 얻을 수 있었고, 분석을 통해 인류에게 도움이 되는 많은 정보를 생산하고 있습니다.

침팬지가 도구를 만들어 사용할 수 있다는 것과 언어를 통해 감정을 표현한다는 것 등과 같이 제인 구달박사가 관찰연구를 통해 발견한 성과는 동물행동학과 환경학 분야에서 20세기의 가장 큰 업적 가운데 하나로 평가되고 있습니다. 그녀는 침팬지를 비롯한 영장류 동물들의 관찰연구에 이바지한 공로를 인정받아 2017년 제21회 만해대상을 수상하였고, 2021년 종교계의 노벨상이라 불리는 '템플턴상(Templeton Prize)'을 받았습니다.

여러분들이 야구를 좋아한다면 요기 베라(Yogi Berra, 1925~2015)가 얼마나 위대한 선수인지 잘 알고 있을 것입니다. 그는 1940년대에서 1960년대까지 미국 프로야구 뉴욕 양키스의 황금기를 이끈 포수였어요. 요기 베라는 통산 홈런 358개, 타율 0.285의 기록을 남기며 은퇴했는데, 은퇴 후에는 요기즘(Yogism)이라 불리는 수많은 명언을 남겼습니다.

그는 사람마다 본인이 원하는 미래를 명확히 상상하고 이를 달성하기 위해 지금 할 수 있는 일에 최선을 다하자는 의미로 "미래는 예전의 미래가 아니다.(The future ain't what it used to be)"라고 말했어요. 그러나 우리가 요기 베라를 잘 알게 된 것은 "끝날 때까지 끝난 게 아니다.(It ain't over till it's over)"라는 말 때문이에요. 많은 사람들이 어려움이 닥쳤을 때 이 말을 생각하며 희망을 가졌으리라 생각합니다.

그는 관찰의 중요성에 대해 "보는 것만으로도 많은 것을 관찰할 수 있다.(You can observe a lot just by watching)"라는 말을 남겼습니다. 그냥 보는 것과 관찰하는 것의 차이에 대해, 의미 없다고 생각하며 지나치는 많은 것들로부터도 필요한 정보를 얻을 수 있다는 뜻이겠지요. 야구선수로서 요기 베라는 상대 선수들의 가벼운 몸놀림이나 행동을 관찰함으로써 그 선수에 대한 정보를 알아내려고 노력했던 것 같아요.

[그림 3] 야구는 통계의 스포츠이며 관찰의 스포츠입니다. (사진 : Unsplash의 Bill Stephan)

"관찰하는 것이 중요하다"라는 그의 생각은 "통계의 스포츠"라 부르는 현대 야구에서 선수들이 반드시 갖추어야 할 덕목이라 할 수 있습니다. 현대 스포츠에서는 대부분 종목에서 '기록원'이라는 새로운 직업과 역할이 생겼습니다. 이들은 선수들의 동작과 그에 따르는 행동 하나하나를 자세히 관찰해서 기록하기 시작했고, 상대방이 어떤 행동을 할 때 그에 반응하는 우리 편 선수들의 심리상태까지도 기록을 하고 있어요.

이렇게 관찰하여 기록한 내용들은 자료로 만들어져 실제 경기에서 유용하게 사용되고 있습니다. 야구에서 투수와 타자 사이에는 매우 높은 심리적 긴장 관계가 존재하게 됩니다. 타자나 투수는 상대방이 민감하게 반응하는 어떤 특정한 신체적·언어적 행동을 서로 알고 있으며, 이것들을 상대의 집중력을 분산시키기 위해 사용하기도 해요.

통계적 의미에서 관찰(observations, 관측)은 연구 대상에 어떤 처리(process)를 가하지 않은 상태에서 데이터를 취득하는 방법입니다. 처리를 가하면 실험(experiments)이 되겠지요. 흡연과 폐암 발생률의 상관관계를 연구한다고 해서 연구 대상이 되는 사람들에게 일부러 담배를 피우게 할 수는 없습니다. 당연히 담배를 수십 년동안 피웠던 사람들을 대상으로 폐의 상태를 관찰할 수밖에 없습니다.

고압선 송전탑 부근에 거주하는 사람들은 그렇지 않은 사람들에 비해 고압전류 노출로 인한 부작용이 심각하다고 알려져 있어요. 이들과 정상 위치에 거주하는 사람들의 건강 상태를 비교하기 위해 임의의 사람들을 고압전선 아래에 강제로 살게 할 수는 없겠지요. 그냥 고압전선 아래에서 오랫동안 살고 있었던 사람들을 대상으로 관찰연구를 하면 됩니다.

실제로 고압선 아래에서 어린 시절을 살았던 사람들을 대상으로 관찰한 결과 암에 걸릴 위험이 5배까지 높아진다는 연구 결과가 나왔습니다. 2007년 8월 22일 sbs 뉴스는 호주 태즈메이니아대학 연구팀이 850명을 대상으로 전기 자장이 백혈병 등 각종 암에 미치는 상관관계를 연구한 결과, 이런 사실을 발견했다고 보도했습니다. 연구팀은 5살까지 고압선 300미터 이내 지역에 산 사람들은 암 발병 위험이 5배나 높아졌고, 15살 이전에 잠깐 살았어도 성인이 됐을 때 암에 걸릴 위험이 3배 정도 높아지는 것을 확인했다고 말했습니다.

송전탑 전자파와 질병 관련 연구들을 요약하면 [표 1]과 같습니다. 주장과 반론이 공존하는 것은 관측을 통한 정확한 자료의 수집과 과학적 연구가 더 필요하다는 의미입니다.

[표 1] 송전탑 전자파와 질병관련 주장과 반론

구분	주장 (신호 위험 있음)	반론 (인과관계 불충분)
소아 백혈병	자기장 >0.3~0.4 μT에서 발병 위험 1.7~2.0배 증가 보고(여러 메타분석, 체계적 고찰).	최신 분석에서는 효과 크기가 감소하거나 연관성 없을 수도 있음. 통계적·측정 한계와 우연 가능성 지적.
거리 효과	송전선 수백 m 이내에서 소아 백혈병 발생률이 유의하게 높음.	거리 효과는 자기장 실측치로 설명되지 않고, 사회경제·환경 요인의 교란 가능성.
기타 암/질환	일부 연구에서 뇌종양·유방암·간암 등과의 상관성 제기.	대부분의 연구에서 일관된 연관성 없음. NCI 등 기관은 "증거 불충분" 평가.
국제 평가	WHO 산하 국제 암연구소 기준 "발암 가능그룹"으로 분류.	"가능성" 수준일 뿐, 확정적 인과관계 아님. 동물·실험 연구에서 일관된 발암 증거 없음.
생물학적 메카니즘	일부 세포 실험에서 DNA·세포 영향 가능성 제기.	확립된 메커니즘 없음. 비이온화 방사선은 DNA 절단 유발력이 부족.
정책적 접근	예방 차원에서 거리 확보·노출 최소화 권고.	실제 주거지 노출은 비영리 단체인 ICNIRP가 제시한 기준 (100-200 μT)보다 수십~수백 배 낮음.

※ μT(마이크로 테슬라, microtesla)는 자기장의 세기(자속 밀도, magnetic flux density)를 나타내는 단위예요.

(출처 : AI가 정리한 송전탑 전자파 질병관련 주장과 반론)

그러나, 한전은 송전선과 암 발병률은 연관이 없다는 입장입니다. 암 발병률과 송전선에서 발생하는 전자파와의 상관관계는 여러 연구를 통해 일관되게 규명되지 않았고, 전자파는 거리에 따라 로그 스케일(Logarithmic scale, 대수 눈금)로 감소해 765kV 초고압선이라 해도 100m 거리로 떨어지면 전자파 영향이 가정용 냉장고 수준이라는 것이에요.

송전선에서 발생하는 전자파의 유해성 여부에 관한 결론은 앞으로도 오랫동안 관찰연구를 통해 입증되어야 할 과제입니다.

간접흡연과 폐암 발생률은 어떤 관계에 있을까요? 최근 여성 폐암 환자 수가 증가하면서 간접흡연의 위험성에 대한 전문가들의 경고가 늘어나고 있습니다. 언론의 보도에 의하면 폐암 환자는 흡연자라고 생각하기 쉬운데, 여성 폐암 환자 10명 중 9명은 한 번도 담배를 피운 적이 없는 것으로 나타났다고 합니다. 여성 폐암환자의 증가는 간접흡연, 미세먼지, 라돈 등이 원인으로 거론된다고 해요. 비흡연 폐암 여성 환자는 증상이 없는 경우가 많아 흡연 여부, 성별과 관계없이 조기 검진이 필요하다고 전문의들은 지적했습니다.

[그림 4] 간접흡연의 폐해를 경고한 담뱃갑 포장지 그림

(출처 : 보건복지부)

EPA(미국 환경보호청)에 따르면, 흡연 배우자와 함께 사는 비흡연자는 폐암 위험이 약 20% 증가한다고 합니다. 관련 연구에 대한 메타분석에서는 비흡연자의 폐암에 걸릴 상대위험도(relative risk, RR)가 약 1.34, 즉 34% 증가한다는 보고서도 있어요. 국립암센터 등 국내 자료에 따르면, 간접흡연 장기 노출 시 폐암 발생 위험이 1.2배~2배 증가할 수 있다고 명시되어 있습니다.

국제보건기구 WHO는 가족 또는 가정 내 간접흡연은 폐암 위험을 20~30% 증가시키며, 직장 내 간접흡연도 비흡연자의 폐암 발생률을 약 16~19% 증가시킨다고 주장합니다.

건강을 위해 송전탑 아래 살 수 없듯이 본인과 배우자의 건강을 위해 흡연을 계속하는 것이 옳은지 잘 생각해야 할 것 같습니다.

최근 들어서는 기상관측장비의 발달로 바람의 방향이나 세기 등과 같은 특성을 관측하는 연구가 많이 진행되고 있습니다. 인천국제공항은 1992년 설계 당시부터 서해안 섬들 사이를 지나는 불규칙한 해류, 바람의 방향 및 안개 등과 같은 자연 현상을 오랫동안 관측하여 설계에 반영했다고 합니다. 2004년 4월 30일에 방영된 kbs 다큐 '신화창조의 비밀'을 보면 공항의 건설은 불규칙한 조수간만의 차이를 넘어 방조제를 쌓아야 하는 과제, 안개 낀 날이 많아 시계 확보가 어려운 점 등으로 인해 많은 반대가 있었다고 해요.

[그림 5] 인천국제공항의 성공적인 건설과 개항에도 관측연구와 통계의 비밀이 숨겨져 있어요. (사진 출처: Pexels.com)

환경전문가, 기상전문가들이 포함된 기술진들이 수 년간 공항 예정 지역에 대한 자연 현상에 대해 관측연구를 하여 자료를 충분히 확보하였고, 이에 대한 분석을 통해 활주로의 위치와 길이, 여객터미널 및 청사의 위치 등을 결정하였습니다. 수많은 시뮬레이션과 통계자료 분석을 통해 이착륙에 대한 안전을 확보한 후 1994년 11월 본격적인 공사를 시작했고, 6년 4개월 만인 2001년 3월에 개항했습니다. 인천국제공항의 성공적인 건설과 개항에도 관측연구와 통계의 비밀이 숨겨져 있어요.

이처럼 관측연구는 표본조사나 실험 못지않게 우리 실생활에 필요한 자료를 얻는 좋은 방법입니다. 관측을 통해 좋은 자료를 얻기 위해서는 관측 대상에 대한 인위적인 처리를 하지 말아야 한다는 점을 잊지 말아야겠지요.

두 번째 주제

생활 속의 통계

세상 이야기

4

• 매일 쏟아져 나오는 여론조사 결과를 믿을 수 있나요? - 여론조사 바르게 이해하기

홍역은 홍역 바이러스(Measles virus)에 의해 발생하는, 전염력이 매우 강한 급성 열성 발진성 질환입니다. 백신을 통해 충분히 예방 가능함에도 불구하고 지금도 전 세계적으로 연간 10만 명 이상 사망하는, 어린이들에게는 위험한 감염병 중 하나예요. 2019년 6월 세계보건기구(WHO) 감시정보에 따르면 전 세계적으로 홍역 발생이 급증하여 2019년 1월에서 5월까지 약 23만 명의 홍역 환자가 보고되었습니다. 이는 2018년도 동기간 대비 약 2.8배 증가한 수치로 아프리카, 유럽, 서태평양지역 순으로 많은 환자가 발생하였어요.

우리나라는 2014년 세계보건기구로부터 홍역퇴치 인증을 받은 이래로 매우 낮은 홍역 발생 수준을 유지해 왔으나, 최근 전 세계적으로 홍역이 유행함에 따라 2018년 12월 이후 해외 유입으로 인한 홍역 환자 발생이 꾸준히 보고되고 있어요. 질병관리청의 보고에 의하면 2025년 7월 기준 올해 65명이 발생하여 작년 같은 기간(47명)

보다 약 40% 증가했습니다.

홍역은 두 차례의 접종으로 거의 예방할 수 있는데, 생후 12~15개월에 1차 접종을, 만 4~6세 사이에 2차 접종을 해요. 어린이가 2차 접종까지 한다면 약 95%~99% 이상의 예방 효과가 있다고 합니다.

독감이나 코로나19와 같이 영유아들이 걸리기 쉬운 전염병은 예방 접종의 효과가 매우 큼에도 불구하고 예방접종에 대한 부모들의 인식은 생각보다 많이 낮아요. 2021년 12월 10일~13일, 24일~27일 실시한 소아·청소년 코로나 예방접종에 관한 한국리서치의 조사 결과 "찬성 58%, 반대 26%"로서 접종에 찬성하는 비율이 높았지만 생각보다 크게 높지는 않았습니다.

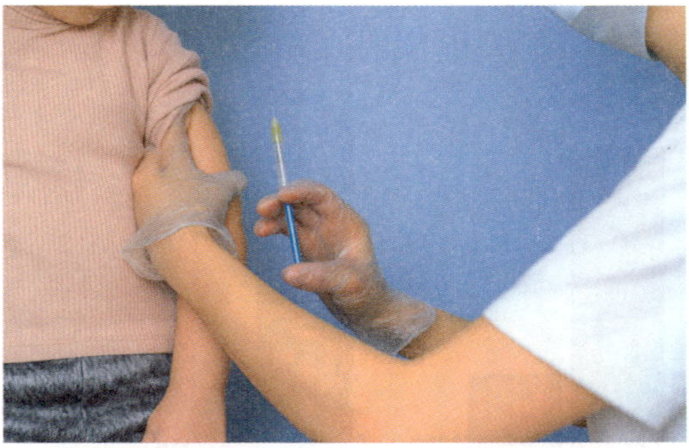

[그림 1] 유아기 예방접종은 아이 개개인의 건강뿐만 아니라, 가족·지역사회·국가의 보건 수준을 지탱하는 핵심적인 예방의학적 수단입니다.

(사진출처 : Pexels.com)

[표 1] 소아·청소년에게 코로나19 백신 접종에 대한 한국리서치의 설문조사 결과

(단위 : %)

	찬성	반대	모르겠다
찬반여부	58	26	16

※ 1) 질문 : 선생님은 소아·청소년에게 코로나19 백신을 접종하시겠습니까?

2) 응답자 수 1,000명, 신뢰수준 95%에 표본오차 ±3.1%p

특히, 영유아 자녀를 둔 보호자 중 찬성률이 낮았는데, 이는 "어린 나이일수록 접종 부작용에 대한 우려가 더 크다" 또는 "필요성 인식이 덜하다"는 뜻으로 해석될 수 있습니다.

[표 2] '자녀에게 코로나 19 백신을 접종 시키겠는가?'에 대한 조사결과

(단위 : %)

	접종할 것	접종하지 않을 것	모르겠다
영유아 자녀	23	54	23
초중고생 자녀	62	25	13

※ 1) 질문 : 선생님은 영유아/초중고생 자녀에게 코로나19 백신을 접종하시겠습니까?
2) 영유아가 있는 응답자 182명, 초중고생 자녀가 있는 응답자 376명

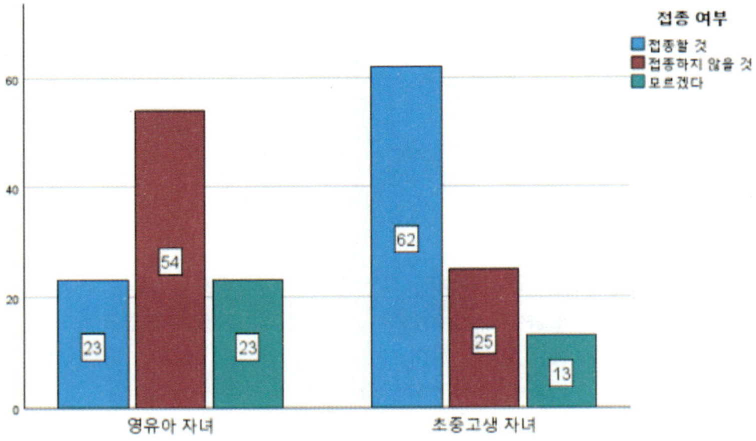

[그림 2] '자녀에게 코로나 19 백신을 접종 시키겠는가?'에 대한 조사결과의 막대그래프

(단위 : %)

한국리서치는 1,000명의 임의로 선택된 성인을 조사하여 [표 1]과 같은 결과를 얻었습니다. 국가데이터처 자료에 의하면 2021년 우리나라의 인구는 약 5,174만 명이었고, 19세 이상 성인의 수는

약 4,280만 명이었어요. 부모가 아이에게 접종을 시키는 것이 좋다고 생각하는 비율 58%가 대한민국 국민들의 절반 이상이라고 판단할 수 있는 증거가 될까요?

"대한민국 국민의 절반 이상인 58%의 성인이 아이에게 접종을 시키는 것에 찬성한다"라는 한국리서치의 2021년 결과는 4,280만 명의 성인 **모집단**에 대한 주장이에요. 그러나, 여론조사 회사인 한국리서치를 비롯해 누구도 모집단에 대한 참값을 알지 못합니다. 단지 1,000명을 조사하였고, 그들 가운데 58%의 성인이 "아이들에게 접종시키는 것에 찬성한다"라는 사실이 있음을 알았을 뿐이에요. 1,000명의 표본은 임의로 선택되었으므로 전체 모집단을 잘 대표한다고 생각할 수 있습니다. 그러므로, 한국리서치는 표본의 58%가 찬성한다는 사실(fact)을 가지고 "전체 성인의 58%가 찬성한다고 추정한다."는 추정값(estimate)으로 조사결과를 해석한 것입니다.

표본으로부터 얻은 사실로 전체 모집단의 참값을 추정하는 것이 통계학의 기본 수단입니다. 다음의 용어를 이해해 볼까요?

❶ 모수(parameter)는 모집단 개체들의 특성을 설명하는 숫자입니다. 모수는 고정된 숫자이지만 실제로 이 숫자의 참값은 알 수 없습니다.

❷ 통계량(statistics)은 표본 개체들의 특성을 설명하는 숫자입니다. 통계량의 값은 표본을 뽑았을 때 알 수 있지만 표본마다 다른 값을 가져요. 일반적으로 통계량을 사용하여 미지의 모수를 추정합니다.

만약 한국리서치가 성인 1,000명의 두 번째 임의표본(random

sample)을 뽑는다면 새로 뽑은 표본에는 첫 번째 표본과 다른 사람들이 포함되겠지요. 두 번째 표본으로 뽑힌 사람들에게 물어보아도 580명이 찬성할까요? 그렇지는 않겠지요. 예방접종에 찬성하는 비율은 표본마다 다른 값이 됩니다. 첫 번째 표본에서 58%가 찬성했더라도 두 번째 표본에서는 41%만 찬성할 수도 있어요. 표본추출을 통해 뽑은 임의표본은 편향(bias)을 제거해 주지만 임의로 뽑는 과정에서 변동(variation)이 생기므로 매번 값이 다를 수밖에 없습니다.

표본은 아무리 잘 뽑아도 모집단이 아니므로 항상 오차가 생길 수밖에 없어요. 앞에서 말한 표본변동을 숫자로 표시한 것을 표본오차(sampling error)라 합니다.

우리는 좋든 싫든 거의 매일 쏟아져 나오는 여론조사 결과를 언론을 통해 만나고 있습니다. 요즈음 자주 접하는 정치관련 여론조사는 매주 월요일에 발표되는 '리얼미터(Realmeter)' 조사 결과와 금요일에 발표되는 '한국갤럽조사연구소'의 조사결과입니다. 두 기관의 조사는 보기에 비슷한 것처럼 보이나 조사 방법, 시기 및 표본의 수에서 큰 차이가 있어요. 이 두 기관의 조사를 바탕으로 여론조사의 결과를 바르게 해석하는 방법에 대해 이야기해 봅시다.

[그림 3]에서 나타내고 있는 결과를 보면 파란색 막대로 표시된 민주당의 지지율은 43.6%이고, 빨간색으로 표시된 국민의 힘 지지율이 40.0%여서 민주당이 국민의 힘보다 3.6%p(포인트) 높음을 알 수 있어요. 그러나 단순히 "민주당의 지지율이 국민의 힘보다 더 높구나"라고 단정하기에는 더 생각해 볼 것들이 많이 있답니다. 그 비밀은 검은색 상자 속에 담겨 있어요. 우선 검은색 상자 속에 하얗게 쓰인 작은 글씨들을 확대해 볼까요?

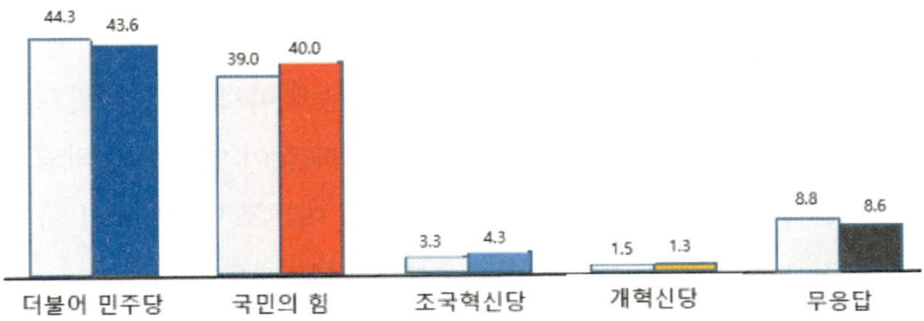

- 의뢰기관 : 에너지경제신문
- 조사기관 : 리얼미터
- 표 본 수 : 전국 만 18세 이상 1,509명
- 표본오차 : ±2.5%p (95% 신뢰수준)
- 응 답 률 : 7.6%
- 조사방법 : 무선(100%) 자동응답 전화 조사
- 조사기간 : 2025년 3월 19일(수) ~ 3월 21일(금)

[그림 3] 2025년 3월 3주차 리얼미터에서 조사한 정당 지지도(참고 : 회색막대는 각 정당의 3월 2주차 지지도)

[표 3] 정당 지지도 조사의 개요

- 의뢰기관 : 에너지경제신문
- 조사기관 : 리얼미터
- 표 본 수 : 전국 만 18세 이상 1,509명
- 표본오차 : ±2.5%p(95% 신뢰수준)
- 응 답 률 : 7.6%
- 조사방법 : 무선(100%) 자동응답 전화조사
- 조사기간 : 2025년 3월 19일(수) ~ 3월 21일(금)

우리는 화장품이나 의약품 등의 설명서에 복잡하게 작은 글씨로 쓰여있는 성분들을 볼 수 있지요. 때로는 식당에서 음식을 주문할 때 재료들의 원산지 표시를 주의 깊게 볼 때가 있습니다. 의약품 설명문과 음식재료의 원산지 표시와 마찬가지로 상자 속 내용은 여론조사의 결과를 해석할 때 반드시 체크해야 할 매우 중요한 정보예요.

상자 속의 내용을 하나씩 해석해 보겠습니다.

❶ **의뢰기관과 조사기관**은 명확하기 때문에 따로 설명할 필요가 없겠지요. 보통 여론조사는 [그림 3]과 같이 언론사의 의뢰를 받아 조사하는 경우가 대부분이지만 여론조사회사에서 자체적으로 조사한 결과를 언론사에 판매할 때도 있습니다.

❷ **표본 수**는 표본오차와 밀접한 관계가 있습니다. 표본은 모집단이 아니므로 아무리 설계를 잘하여 완벽하게 뽑아도 오차가 있을 수밖에 없어요. 표본을 추출할 때 어쩔 수 없이 발생하는 오차를 **표본오차**(sampling error)라 합니다. 이론적으로는 표본의 크기가 커져서 모집단에 가까워질수록 표본오차는 줄어들겠지요. 그러나, 조사의 비용과 시간을 고려해 볼 때 표본의 크기를 마냥 크게 할 수는 없어요. 가마솥에 담긴 국물의 맛을 알고자 할 때 국자의 크기보다는 얼마나 잘 저어서 국물을 푸는가의 여부가 더 중요하다고 했었지요? 일반적으로 여론조사에서 표본의 크기는 조사의 중요성과 성질에 따라 다르지만 500개, 1,000개 또는 1,500개 정도인 경우가 많습니다.

[표 4] 신뢰수준 95%에서 표본의 크기에 따른 표본오차의 크기

표본의 크기	표본오차의 크기
300	±5.7%p
500	±4.4%p
700	±3.7%p
1,000	±3.1%p
1,200	±2.8%p
1,500	±2.5%p
2,000	±2.2%p

[그림 3]의 리얼미터 조사에서 표본 수는 1,509개이므로, 표본오차의 크기는 [표 4]에서 설명한 것과 같이 약 ±2.5%p입니다. 위의 조사가 선거관련 여론조사이므로, 모집단은 만 18세 이상의 유권자들입니다.

❸ "표본오차 : ±2.5%p(95% 신뢰수준)"에 대하여

앞에서 설명한 바와 같이 표본오차는 표본의 크기와 관련이 있습니다. 표본의 크기가 약 1,500개이므로 표본오차는 [표 2]에서 보는 것과 같이 ±2.5%p입니다. 여기서 두 가지 의문이 생길 수 있어요. '%p(퍼센트 포인트)'와 '**95% 신뢰수준**'에 대한 의미가 무엇이냐는 것입니다.

첫 번째, '%p'에 대해 이야기해 보기 위해 한 가지 예를 들어 볼게요. 대학생 A군은 어머니에게서 하루에 10,000원의 용돈을 받습니다. A군은 어머니로부터 "이번 달에는 살림살이가 힘들어 용돈을 10% 삭감하고, 다음 달에 10%를 인상해 주겠다"라는 이야기를 들었습니다. A군은 당연히 이번 달에 10%가 인상되어 10,000원으로 회복될 줄 알았던 용돈이 9,900원이 된 것을 알고 어머니께 항의하였습니다.

어머니는 10,000원에서 10%를 삭감하면 9,000원이 되고, 9,000원에서 10%를 올리면 당연히 9,900원이 된다고 했습니다. 이럴 경우, A군은 9,000원에서 10%를 인상해 달라고 할 것이 아니라 "지난달에 10%를 삭감하여 10,000원 대비 90%가 되었으므로 이번 달에는 90%에 10%p를 인상해서 100%로 회복해 달라"고 해야 합니다. 10,000원의 90%는 9,000원이고, 90%에서 10%p를 인상하면 전 달과 마찬가지로 100%가 되기 때문입니다. 이와 같이 백분율(%) 사이의 연산에는 %가 아니라 %p를 사용하는 것이 옳아요.

두 번째, '95% 신뢰수준'은 이 조사의 결과를 95% 믿을 수 있다는 의미입니다. 즉, 표본을 100번 같은 방식으로 추출하여 조사하면 지금과 같은 결과가 95번 정도 나올 가능성이 높다는 뜻이에요.

❹ **응답률**은 여론조사에서 매우 중요한 지표예요. 여론조사회사에서는 응답자 수 1,500명을 확보하기 위해 많은 노력을 기울입니다. 리얼미터 조사에서 응답률은 "접촉 후 거절 및 중도이탈 사례수(R)"와 "접촉 후 응답완료 사례수(I)"를 이용하여 응답률을 계산합니다. 이 경우 응답률은 I / (I + R)입니다. 일반적으로 전화를 이용한 자동응답조사의 경우 조사원이 직접 전화를 하는 방식에 비해 응답률이 매우 낮아요. 아무리 자동응답방식의 조사라 해도 응답률이 5% 이상은 되어야 조사결과에 신뢰가 있다고 여겨집니다.

❺ **조사방법**은 조사비용과 표본의 크기 및 조사의 신속성과도 관계가 있어요. 아무래도 전화를 이용한 자동응답 방식의 조사는 비교적 큰 표본을 적은 비용으로 신속하게 조사할 수 있는 장점이 있습니다. 그러나 응답률은 높지 않다고 방금 이야기했지요? 무선전화면접 조사는 면접원들이 표본으로 선택된 사람들에게 일일이 전화하여 묻고 답하는 과정을 반복해야 하므로 자동응답 방식에 비해 시간과 비용이 많이 듭니다. 그러나 응답률은 자동응답 방식에 비해 크게 높아집니다. 두 조사 방법은 서로 장단점을 나누어 가지고 있다고 할 수 있어요. 월요일에 결과를 발표하는 리얼미터 조사는 무선전화를 이용

한 자동응답 방식을 사용하는 조사이고, 금요일에 결과를 발표하는 한국갤럽 조사연구소의 조사는 면접원들을 이용한 무선전화면접 조사의 결과입니다.

지금까지 검은색 상자의 내용을 확대한 [표 3]의 내용을 자세하게 살펴보았습니다. 이제 [그림 3]에 나타난 리얼미터 조사 결과의 정당지지도를 정확하게 해석해 볼까요?

[그림 3]에서 알 수 있듯이 3월 3주차의 민주당 지지율은 43.6%이고 국민의 힘 지지율은 40.0%입니다. 두 정당의 지지율 차이는 3.6%p입니다. 95% 신뢰수준에서 표본 약 1,500개의 표본오차 한계가 ±2.5%p이므로 상한(+2.5%p)과 하한(−2.5%p)의 최대 차이인 5%p 내에 두 정당의 지지율 차이가 포함되어 있다면, 이 차이는 표본오차의 범위에 속하게 되는 것입니다. 따라서, 두 정당의 지지율 격차 3.6%p는 표본오차의 최대범위인 5%p 내에 있으므로, 어느 정당이 우세하다고 말할 수 없으며 백중세에 있다고 말할 수 있어요. 이와 같은 조사결과는 95% 신뢰할 수 있습니다. 다시 말해 크기가 약 1,500개인 표본을 동일한 방법으로 100번 뽑았을 때, 95번 정도는 두 정당의 지지율 격차가 오차범위 내에 있을 가능성이 크다고 말할 수 있어요.

[그림 4]는 한국갤럽조사연구소에서 실시했던 '정당지지도'에 대해 조사한 결과입니다. 이 조사는 2025년 2월 2주부터 3월 4주까지의 결과를 시간의 흐름에 따라 꺾은선 그래프로 나타내고 있어요. 표본의 크기가 1,000이므로 [표 2]를 참조하면 표본오차의 크기는 약 ±3.1%p가 되겠지요. 3월 3주의 조사결과를 보면 더불어민주당 40%, 국민의 힘 36%이므로 두 정당의 차이가 4%p입니다.

4%p는 표본오차의 최대범위 6.2%p보다 작은 값이므로 더불어민주당은 국민의 힘에 비해 우세하지만 두 정당의 지지도가 오차범위 내에 있으므로 어느 정당이 앞선다고 말할 수 없어요.

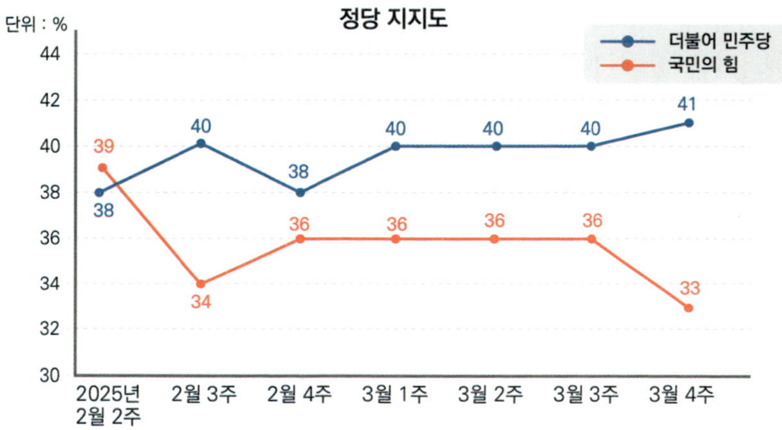

[그림 4] **2025년 2월 2주부터 3월 4주까지의 정당 지지도 추이, 만 18세 이상 1,000명 대상. 95% 신뢰수준에 표본오차 ±3.1%p**

(출처 : 중앙여론조사심의위원회 홈페이지의 갤럽조사 자료)

그런데 3월 4주의 조사결과를 보면 더불어민주당 41%, 국민의 힘 33%이므로 두 정당의 차이가 8%p입니다. 8%p는 표본오차의 최대범위인 6.2%p보다 큰 값이므로, 더불어민주당은 표본오차 범위 밖에서 국민의 힘에 비해 우세하며 "더불어민주당이 국민의 힘을 오차범위 밖에서 앞선다"라고 말할 수 있어요.

지금까지 본 바와 같이 대부분의 여론조사는 표본조사를 통해 실시됩니다. 언론에 발표되는 것과 다르게 겉으로 잘 드러나지는 않지만, 여론조사 결과를 해석할 때 몇 가지 고려해야 할 점들이 있어요.

첫 번째, **과소 표집**과 **과대 표집**의 문제예요. 표본추출 과정에서 특정 집단이 과소 표집되는 문제는 어쩌면 여론조사에서 가장 심각한 문제 가운데 하나입니다. 과소 표집이 되면 이를 보정해야 하는데 보정하는 과정이 쉬운 일이 아닙니다.

예를 들어, 30대 여성의 목표 표본이 200명이라 할 때, 추출된 표본 가운데 100명만 응답한 경우, 이 100명의 의견에 2배의 가중치를 사용하게 됩니다. 인원수에 두 배의 가중값을 주는 일은 쉬워요. 그렇지만 추출된 표본에서 알 수 있는 정보는 100명의 성별, 거주지, 연령 정도 뿐이라 결과에 중요한 영향을 미치는 교육수준, 소득, 직업과 같은 변수들의 특성은 잘 반영되지 않습니다. 따라서 과소 표집은 표본을 설계할 때 예측이 어려운 점이 있고, 보정 과정에서 심각한 왜곡이 일어날 가능성이 있습니다.

여론조사 회사인 ㈜비전코리아가 2025년 2월 19일부터 2025년 2월 20일 사이에 조사했던 '제21대 대통령선거' 관련 여론조사의 표본과 관련한 자료를 보면 다음과 같아요.

[표 5] ㈜비전코리아가 2025년 2월19일부터 2025년 2월20일 사이에 조사했던 여론조사의 표본 정보 (출처 : 중앙여론조사심의위원회 홈페이지)

표본의 크기			
구분		조사완료 사례수(명)	가중값 적용 기준 사례수(명)
전체		1,034	1,034
성별	남	569	512
	여	465	522
연령대별	18~29세	125	158
	30대	139	156
	40대	184	179
	50대	236	203
	60대	209	182
	70세 이상	141	156

[표 5]를 보면 전체적으로 남성은 과대 표집 되고 여성은 과소 표집 되었음을 알 수 있습니다. 이와 같은 결과는 응답률이 매우 낮을 때 자주 발생하는 현상인데, 실제로 이 조사의 응답률은 3%에 불과했습니다. 응답률이 낮으면 높은 경우에 비해 조사결과의 신뢰도도 당연히 낮아지겠지요. 위의 조사는 실제 모든 연령층에서 과대 과소 표집이 되었으므로, 조사결과의 신뢰도는 표집이 제대로 된 경우에 비해 상대적으로 크지 않다고 판단할 수 있습니다.

표본추출에서 과소 표집은 특정 연령층이나 지역에 거주하는 사람들이 조사에 응하지 않아 발생했을 가능성이 높아요. 만약 설문에 응답했더라도 특정 문항에 답을 하지 않은 **'무응답'**의 문제도 생각해 볼 필요가 있습니다. 무응답은 주로 개인적으로 '민감한 문제'나 '정치적 견해'와 같이 응답하기 어려운 문항에서 발생할 가능성이 있어요. 응답자가 대답을 주저하는 민감한 문제에는 개인적 질병, 성적 취향, 소득 수준 등이 있습니다. 이와 같이 개인과 관련한 문제는 설문지를 작성할 때, 응답자의 비밀보장과 관련한 통계법 제33조를 안내하는 방법을 사용하는 것이 좋아요. 통계법 제33조는 다음과 같습니다.

> **제33조(비밀의 보호)** ① 통계의 작성과정에서 알려진 사항으로서 개인이나 법인 또는 단체 등의 비밀에 속하는 사항은 보호되어야 한다.
>
> ② 통계의 작성을 위하여 수집된 개인이나 법인 또는 단체 등의 비밀에 속하는 자료는 통계작성 외의 목적으로 사용되어서는 아니 된다.

우리나라 국민들은 정치적 성향에 대해 응답하기를 꺼려하는 경향이 있습니다. 민주주의의 역사가 오래된 미국이나 유럽의 경우에는 스포츠 스타나 유명한 배우, 연예인들이 개인적인 정치 성향에 따라 지지 후보를 밝히는 것을 자연스러워해요. 그러나 우리나라는 민주주의의 발달 과정에서 빚어진 정치적 곡절로 인해 국민들이 스스로 정치적 성향을 밝히는 것을 매우 어려운 일로 생각합니다.

[표 6] 2024년 미국 대통령선거에서 특정 후보를 지지한 유명인 현황

	카말라 해리스(민주당)	도널드 트럼프(공화당)
유명지지자	테일러 스위프트 브루스 스프링스틴 오프라 윈프리 셰어(Cher) 빌리 아일리시 비욘세	일론 머스크 멜 깁슨 닥터 필 헐크 호건

민감한 질문들로 인해 무응답이 예상되는 자료를 분석할 때는 '**판별분석**(discriminant analysis)'이라는 통계분석 방법을 사용할 수 있어요. 판별분석은 '여당과 야당', '대출 가능 기업과 불가능 기업' 등과 같이 분류할 대상, 즉 종속변수가 몇 개의 범주를 가진 형태의 자료일 경우에 사용할 수 있어요. 판별분석은 응답자가 '여당'이나 '야당'이라고 응답하지 않아도 범주값들을 차별화할 수 있는 질문들을 독립변수로 사용하여 만든 판별함수를 통해 응답자를 어느 한 쪽으로 분류하는 방법입니다.

예를 들어, 대북 선전방송을 위한 대형 스피커를 설치하는 문제에 대해 찬반을 묻거나, 'UN 북한 인권선언'에 참여할 것인가의 여부는 정당에 따라 의견이 완전히 다릅니다. 이런 형태의 질문들을 반복하게 되면 굳이 응답자가 본인의 정치적 성향에 대해 말하지

않더라도 어느 정당을 지지하는 사람인지 금방 알 수 있겠지요.

여론조사 결과는 정치인들뿐 아니라 우리들의 삶과도 밀접한 관계가 있습니다. 정책을 결정하는 기관에서는 민감한 주제에 대해 여론조사를 실시하여 민심의 동향을 늘 체크하고 있습니다. 심지어 국민연금이나 의료보험의 요율 결정과 같이 우리 미래를 좌우하는 정책의 결정도 마찬가지예요.

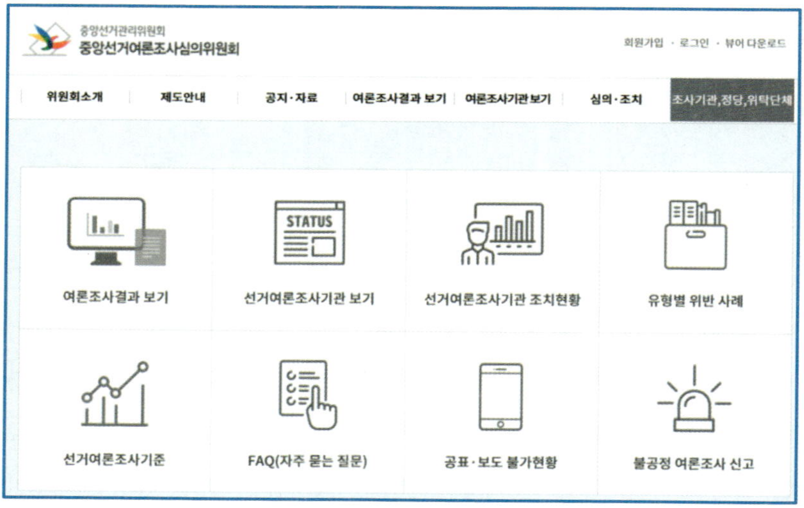

[그림 5] 중앙선거여론조사심의위원회 홈페이지 – 여론조사와 관련된 모든 정보를 알 수 있어요.

우리나라에서 실시된 모든 정치여론조사의 결과는 '**중앙선거여론조사 심의위원회**' 홈페이지에 등록하도록 법으로 정해져 있습니다. 관심이 있는 사람들은 누구나 홈페이지에 접속하여 그 결과를 볼 수 있어요.

세상 이야기

5

• 스포츠에서 '승부 조작'과 '우연함'은 관계가 있을까요? - 현대 스포츠에서 '통계'가 중요한 이유

우리는 인연에 따라 많은 것들과 만나고 헤어집니다. 그 만남은 우연일 수도 있고 필연일 수도 있겠지요. 생각해 보면 우리가 맺은 대부분의 인연들은 우연히 이루어지는 경우가 많다는 생각이 들어요.

축구는 심판이 동전을 던지는 것으로 시작됩니다. 동전의 앞뒷면이 나올 확률은 각각 0.5씩 같으므로 어느 팀이라도 동전을 던져서 나온 결과에 승복합니다. 지금은 공정하게 만들어진 동전의 앞뒷면이 나올 확률이 같다는 것은 누구나 인정하지만, 처음부터 그런 것은 아니었어요. 동전을 던졌을 때 얻을 수 있는 결과들에 대한 확률을 알기 위해 노력했던 사람들을 한번 볼까요?

18세기 수학자 뷔퐁(Buffon, 1707–1788)은 동전을 던졌을 때 앞뒷면이 나올 비율을 알기 위해 동전을 4,040번 던지는 실험을 하였습니다. 그 결과 2,048번 앞면이 나와 0.5069의 확률값을 얻었어요. 20세기 초반 수학자 존 케리히(John Kerrich, 1903–1985)는 10,000번을 던져 5,067번의 앞면이 나와 0.5067의 확률값을, 칼 피어슨(Karl Pearson, 1857–1936)은 무려 24,000번 중 12,012번의 앞면으로 0.5005의 확률값을 얻었습니다.

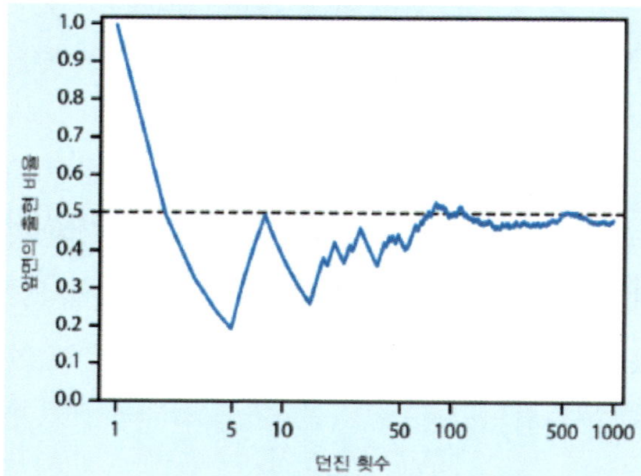

[그림 1] 동전을 여러 번 던질 때 앞면이 나타나는 비율은 던지는 횟수가 늘어남에 따라 달라지나 궁극적으로는 0.5에 매우 가깝게 됩니다.

(그림 출처 : 심규박, 개념과 논쟁으로 배우는 통계학, 교우사)

동전을 던졌던 사람들이 한 번 한 번 던질 때마다 진지하게 횟수를 세었으리라 생각하니 존경하는 마음에 머리가 숙여집니다. 지금은 모의실험을 하는 소프트웨어들이 많이 있어 수백만 번 실행한 결과도 순식간에 쉽게 얻을 수 있어요. 동전을 던졌던 사람들이 얻은 결과를 보면 던지는 횟수가 많을수록 앞면이 나오는 비율은 우리가 알고 있는 확률 0.5에 가까워지고 있다는 사실을 알 수 있습니다. 이와 같이 '우연한 결과'가 발생하는 실험을 수없이 많이 반복하게 되면 그 결과에 대한 패턴(pattern)을 알 수 있고, 패턴을 잘 분석하면 '**확률모형**'을 얻을 수 있어요. 이 모형으로부터 우리가 원하는 정보를 얻을 수 있습니다.

우리가 좋아하는 스포츠 종목들도 마찬가지예요. 스포츠에서 승패는 선수들의 모든 행동, 그라운드 컨디션 및 당일의 날씨 등 경기에 영향을 미치는 모든 요인들이 일으키는 우연함과 우연함들 사이의 관계 및 반복으로 일어나는 현상들의 결과입니다. 여러분들이 좋아하는 프로야구를 한번 볼까요? 야구는 '통계의 스포츠'라 불릴 만큼 경기 중 우연히 일어난 모든 결과들이 자료화되어 있어요.

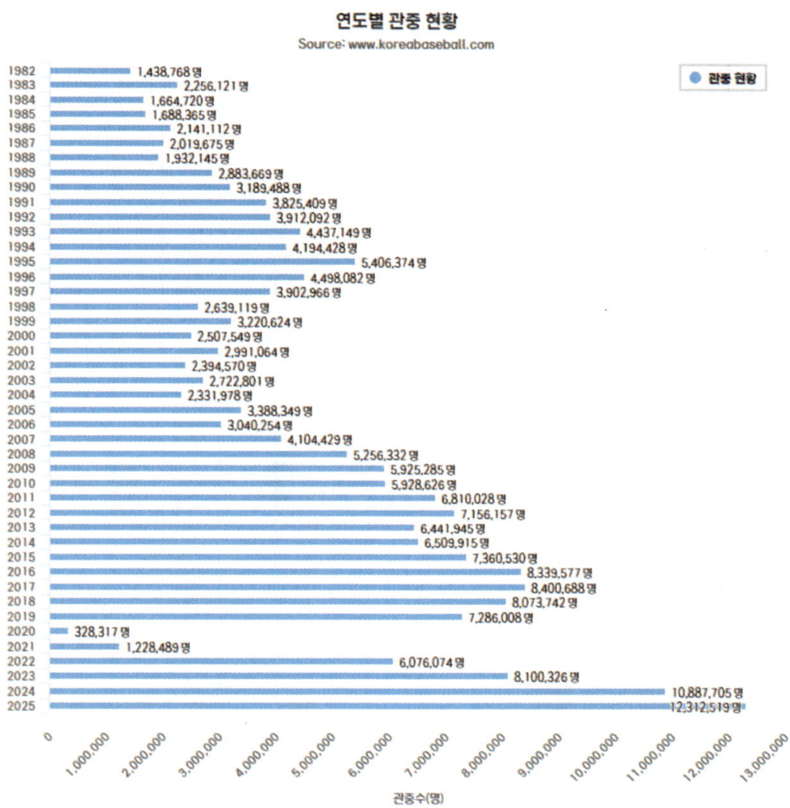

[그림 2] 우리나라 프로야구 연도별 관중현황 – 입장한 유료 관중 수가 2024년에 처음 1,000만 명을 넘어 우리나라 최고의 인기스포츠가 되었어요.

(2025년 10월 21일 기준, 출처 : 한국야구위원회 KBO)

불과 얼마 전까지만 해도 타자를 평가하는 척도는 타율, 안타 개수, 도루의 수 등이었고, 투수의 승수, 승률 및 방어율 등과 같이 단순한 값들이었습니다. 그러나 우리나라의 프로야구 역사도 40년이 넘었기에 많은 게임을 통해 생산된 자료들을 이용해, 미국이나 일본의 프로야구에서도 사용하는 다양한 기록을 만들어 선수를 평가하는 척도로 활용하고 있어요. 최근 들어 야구를 다루는 전문 사이트들도 많이 늘었고, 네이버(naver)와 같이 쉽게 접할 수 있는 포털사이트에서도 당일 경기에 출전하는 선수들에 대해 자세하게 분석하고 있습니다.

2025년 10월 26일(일)에 잠실 야구장에서 열린 한국시리즈 1차전 LG트윈스와 한화이글스의 경기를 예로 들어 볼까요? 이날 두 팀의 선발투수는 톨허스트 선수(LG)와 문동주 선수(한화)로 예고되었는데, 두 선수가 즐겨 던지는 구종은 [그림 3-A]와 같이 분석되어 있어요. [그림 3-B]는 두 팀의 핵심 타자인 오스틴 선수(LG)와 문현빈 선수(한화)가 좋아하는 코스를 표시하였습니다. 각 팀의 감독들은 이와 같은 기록을 바탕으로 작전을 지시하겠지요.

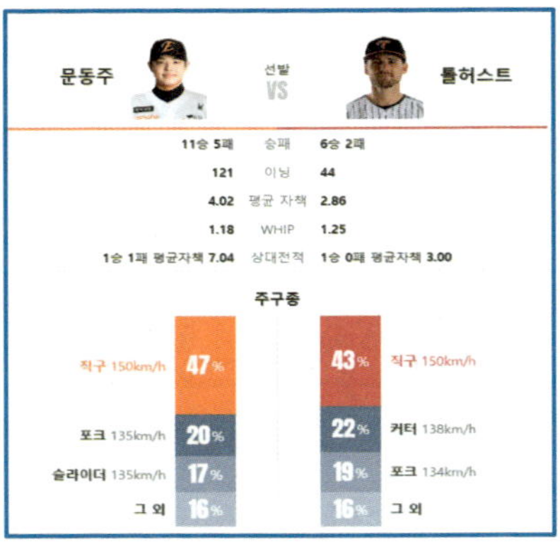

(그림 3-A : 선발투수)

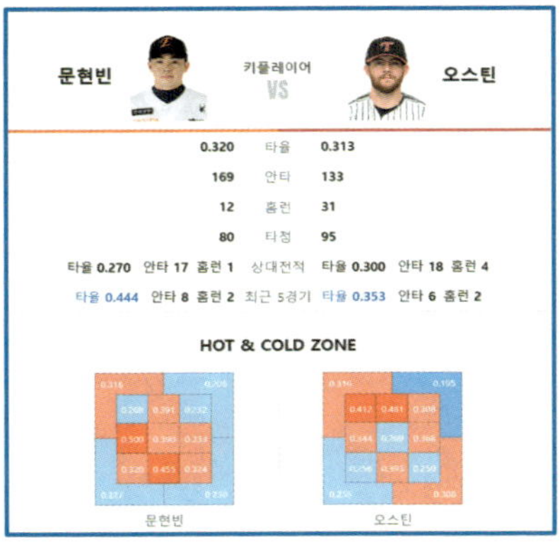

(그림 3-B : 키 플레이어)

[그림 3] 2025년 10월 26일(일)에 열린 한국시리즈 1차전 한화이글스와 LG트윈스 주요 선수들을 분석한 자료. (출처 : 네이버)

각 구단의 데이터 분석원들은 현재 등록되어 있는 모든 선수들의 장단점을 [그림 3]과 같이 분석하고 있습니다. 정규시즌이 끝나면 **스토브리그**(stove league)가 시작됩니다. 이때 각 구단에서는 경기 중 수집한 선수들의 자료를 바탕으로 팀을 개편하겠지요. 약점이 노출되어 개선이 힘든 선수들은 계약을 해지하고, 강점이 중복되는 선수들을 중심으로 팀의 약점을 보완하기 위해 다른 구단의 선수들과 서로 바꾸는 작업인 트레이드(trade)를 실시하며 자유계약선수 제도(Free Agent, FA)를 통해 검증된 선수들을 영입하기도 해요.

한국프로야구위원회(KBO)에 속한 10개 구단에서도 프로야구 출범 후 40여 년 동안 수집한 데이터와 미국 등 해외 데이터를 바탕으로 한 빅데이터를 구축하고 있습니다. 이렇게 수집한 데이터를 분석하여 특정한 타격폼이나 스윙 속도 및 스윙 각도를 가진 선수의 타격 방향을 미리 예측하여 '수비 시프트(shift)'를 실시하는 등 야구에서의 통계의 활용은 상상을 초월할 정도입니다. 수비 시프트는 우리나라에서도 지난 2021년 한화이글스의 카를로스 수베로(Carlos Subero)감독이 적극적으로 실시한 바 있습니다. 그러나, 수베로 감독은 상대 팀 타자들의 데이터에 너무 의존하여 극단적인 수비 시프트를 구축했기 때문에 새로운 볼거리를 제공했었지만, 많은 팬들로부터 야구를 재미없게 만들었다는 비난을 받기도 했어요.

미국 프로야구에서도 한동안 '수비 시프트' 방식이 유행했었습니다. Boston Red Sox의 강타자 데이비드 오티즈(David Ortiz, 1975~)는 장타자인 동시에 정확도가 높은 타자였는데, 내야에 떨어지는 타구의 방향은 주로 1루와 2루 사이에 집중되었어요(그림 4-A, 연두색).

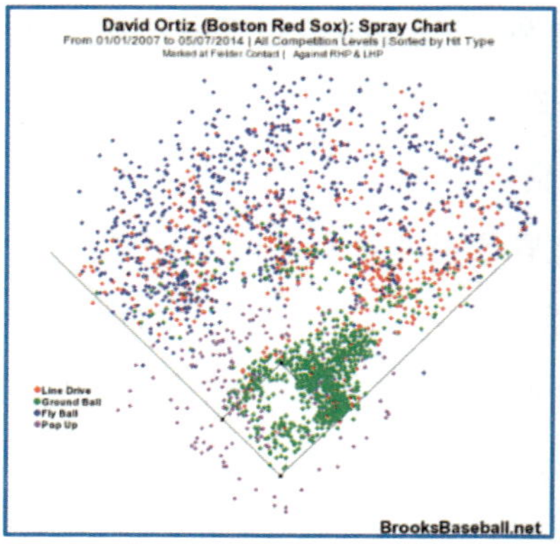

그림 4-A

그림 4-B

[그림 4] 미국 프로야구 Boston Red Sox의 강타자 David Ortiz의 타구 방향(그림 A, 연두색)과 수비를 위한 시프트(그림 B) (출처 : 나무위키)

상대 팀 감독은 전형적으로 당겨치는 좌타자인 데이비드 오티즈의 타구 방향에 대비한 수비의 형태를 극단적으로 만들었는데, 1루수는 파울 라인에 붙고, 2루수는 우익수 앞으로, 유격수는 2루수 자리, 3루수는 유격수 자리로 옮겼습니다(그림 4-B, 붉은색 표시). 우연히 반복된 오티즈 선수의 타구 방향이 누적되어 그림 A의 점들과 같은 패턴이 되었지만, 인위적인 방법으로 이를 무력화시키려는 노력도 현대 스포츠의 일부가 되었어요.

야구의 역사가 1백 년이 넘는 미국에서는 프런트와 현장감독들 사이의 역할 분담이 갈수록 새로워지고 있습니다. 과거에는 감독과 코치의 의지에 따라 선수단을 구성하고 훈련했으며, 시합중에는 작전권도 이들의 권한이었어요. 그러나, 지금은 데이터로 무장한 프런트에서 통계를 기반으로 상대 팀의 전력을 분석하고 맞춤형 작전을 만드는 경우가 대세를 이루고 있습니다. 그러다 보니 작전권은 프런트에 있고, 감독과 코치는 프런트가 마련해 주는 메뉴에 따라 훈련하고 선수를 기용하는 팀들이 늘어나고 있습니다. 이런 추세가 우리나라에도 도입되어 일부 구단에서 통계 데이터로 무장한 분석원이나 프런트 출신 감독이 선임된 적이 있었는데, 2019년 삼성라이온즈에서는 현장지도 경험이 전혀없는 전력분석팀장 출신 허삼영 감독을 선임하였어요.

메이저리그의 만년 최하위 팀이었던 오클랜드 애슬렉티스(Oakland Athletics)를 강팀으로 만들었던 빌리 빈(Billy Beane) 단장의 이야기를 다룬 영화 머니볼(Money Ball)은 2011년 우리나라에서도 개봉되어 많은 감동을 주었습니다. 브레드 피트(Brad Pitt)가 연기했던 빌리 빈 단장은 메이저리그에서도 제일 가난한 팀인 애슬렉티스를 완벽한 데이터와 통계를 바탕으로 팀의 20연승 신화를 달성하여 리그의 강팀으로 만들었어요.

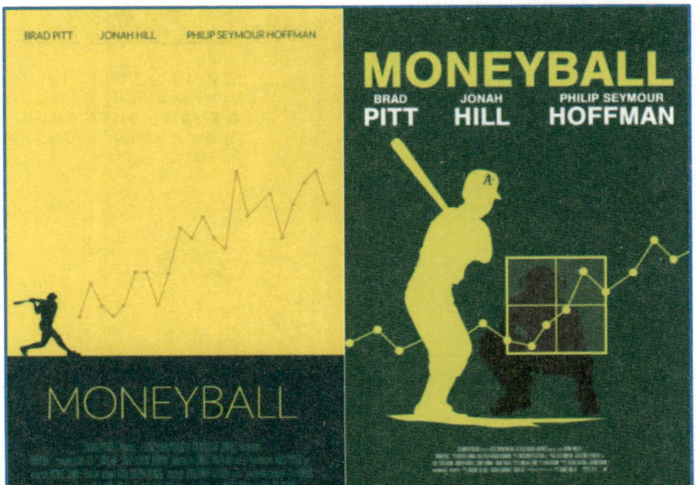

[그림 5] 오클랜드 애슬렉티스(Oakland Athletics)를 우승팀으로 만들었던 빌리 빈(Billy Beane) 단장의 이야기를 다룬 영화 머니볼(Money Ball)의 포스트. "야구는 통계의 스포츠"라는 사실을 잘 보여주었어요.

빌리 빈이 설계했던 데이터 야구를 받아들인 Boston Red Sox는 86년 동안 팀의 분위기를 지배해온 기나긴 징크스였던 '밤비노의 저주(Curse of the Bambino)'를 깨고 2004년 월드시리즈 우승을 차지하였습니다. 영화 머니볼은 야구에서 자본력도 중요하지만 통계가 더 중요하다는 사실을 감동과 함께 전달해 주었어요.

이와 같이 스포츠의 감동적인 장면들은 우연함과 우연함의 작용이 빚어낸 예술이라 할 수 있습니다. 당연한 말이겠지만 모든 스포츠 종목에서의 승패는 공정하게 이루어져야 하겠지요. 승패에 영향을 주는 어느 하나의 요소라도 우연이 아니라 의도된 행위가 있다면 '승부 조작'의 의심을 받게 되는 거예요.

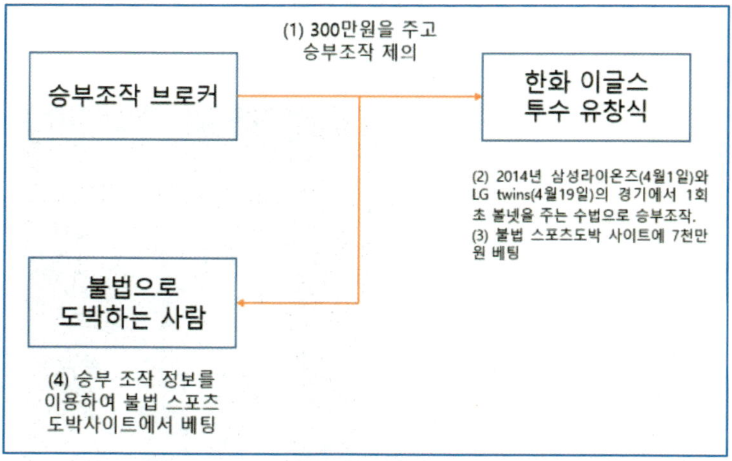

[그림 6] 투수 유창식 선수의 승부 조작 개요

[그림 6]을 보면 유창식 투수는 1회 초에 상대 팀 박석민 선수에게 의도적으로 스트레이트 볼넷을 던짐으로써 승부 조작에 참여했습니다. 또한, 승부 조작과 관련해 추가로 이루어진 경찰 조사에서

본인의 등판 경기에 1억5천만 원을 베팅한 혐의도 드러났어요. 이런 상황에서는 경기의 흐름과는 관계없이 의도적 경기진행으로 승부 조작에 참여할 수밖에 없었겠지요.

얼마 전 발표된 축구선수 손준호의 진술문을 보면 우연과 승부조작의 관계를 쉽게 알 수 있습니다. 다음은 언론에 발표된 손준호 선수 진술문의 일부입니다.

> 2022년 1월 1일 상하이 하이강 과의 경기 2시간 전 진징다오가 나에게 와서 "천천히 뛰고 경기 템포를 조절해 골을 넣지 말자. 이 경기에서 이기면 안 된다"고 말했다. 이미 이전에도 비슷한 경험이 있었기 때문에 나는 별다른 고민 없이 동의했다. 나는 이 경기에서 풀타임을 뛰었고, 평소보다 훨씬 편한 마음으로 뛰었다. 전력을 다하지 않았고, 진징다오와 궈톈위도 마찬가지로 적극적으로 공격하지 않았다며 결국 경기는 2대2 무승부였고, 우리는 경기에서 승리하지 않는다는 목표를 달성했다. 경기 이틀 뒤 진징다오가 내 은행 계좌로 20만 위안**(약 4,000만원)**을 송금했다.

진술문의 내용을 보면 '우연함'과 '의도됨'의 차이에서 발생하는 '공정함'과 '승부 조작'의 의미를 잘 알겠지요?

스포츠에서는 '심판의 오심도 경기의 일부'라는 말이 있습니다. 심판도 신이 아닌 이상 실수를 할 수 있겠지요. 그러나 의도된 오심은 경기의 일부가 될 수 없습니다. 심판에 의해 지배를 받는 경기는 재미가 없으며, 의도된 오심 역시 승부조작에 해당하겠지요.

관중들은 경기의 승패를 떠나 선수들이 펼치는 공정함에 더 열광합니다. 이 공정함의 내면에는 우연함의 연속과 그 작용이 전제되어야 합니다.

세상 이야기

6

20년 전 '세종대왕님'(1만원권)과 지금의 '세종대왕님'의 가치가 같을까요?

- 소비자물가지수(CPI)에 관한 이야기

우리는 우리의 의지와 무관하게 수많은 지수와 지표 속에서 하루하루를 살고 있어요. 정부가 발표하는 경제 관련 지수는 많이 있지만 우리들의 삶과 가장 관계가 있는 지수는 아마도 '**소비자물가지수**(consumer price index : CPI)'가 아닐까 생각합니다.

소비자물가지수는 국가데이터처에서 매월 작성하여 공표하며, 소비자가 구입하는 상품과 서비스의 가격변동을 측정하기 위해 작성하는 통계입니다. 따라서, 소비자물가지수는 일반 국민의 일상생활에 직접 영향을 주는 가장 중요한 경제지표 가운데 하나입니다. 그러나, 일반 국민들이 구입하는 상품이라고 해서 모든 상품을 대상으로 조사하는 것은 아니예요.

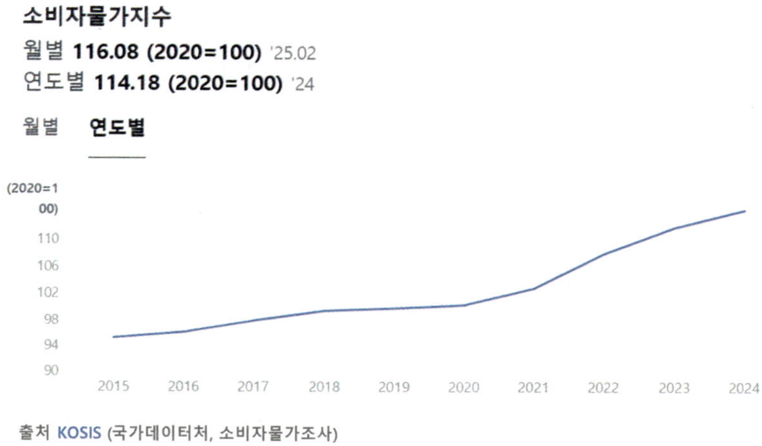

[그림 1] 우리나라 소비자물가지수의 변화 (2020년 = 100, 출처 : 국가데이터처)

2020년 기준 소비자물가지수는 458개 대표품목을 대상으로 합니다. 대표품목의 선정기준은 ① 전국 가구의 월평균 소비지출액이 일정 비율 이상이고, ② 동종 품목군의 가격을 대표할 수 있으며, ③ 시장에서 계속적으로 가격조사가 가능한 품목이어야 합니다. 그러나, 가구에서 지출하더라도 세금, 저축, 투자 및 예술품 구입비 등은 소비성 지출이 아니므로 품목에 포함되지 않아요.

가격조사는 인구 규모 및 상권을 고려하여 전국 40개 도시에서 국가데이터처 직원들이 표본으로 선정된 백화점, 대형마트, 전통시장 등 약 2,600여개의 소매점을 직접 방문하거나 전화조사를 통해 가격자료를 수집하고 있습니다.

[그림 1]은 2020년을 기준값 100으로 했을 때, 2015년부터 2024년 2월까지 소비자물가지수의 변화를 그린 그래프이며, 연도별 정확한 값은 [표 1]에 나타나 있습니다. [그림 1]과 [표 1]을 보면 우리나라 물가는 지난 10년 동안 꾸준히 상승하고 있음을 알 수 있어요.

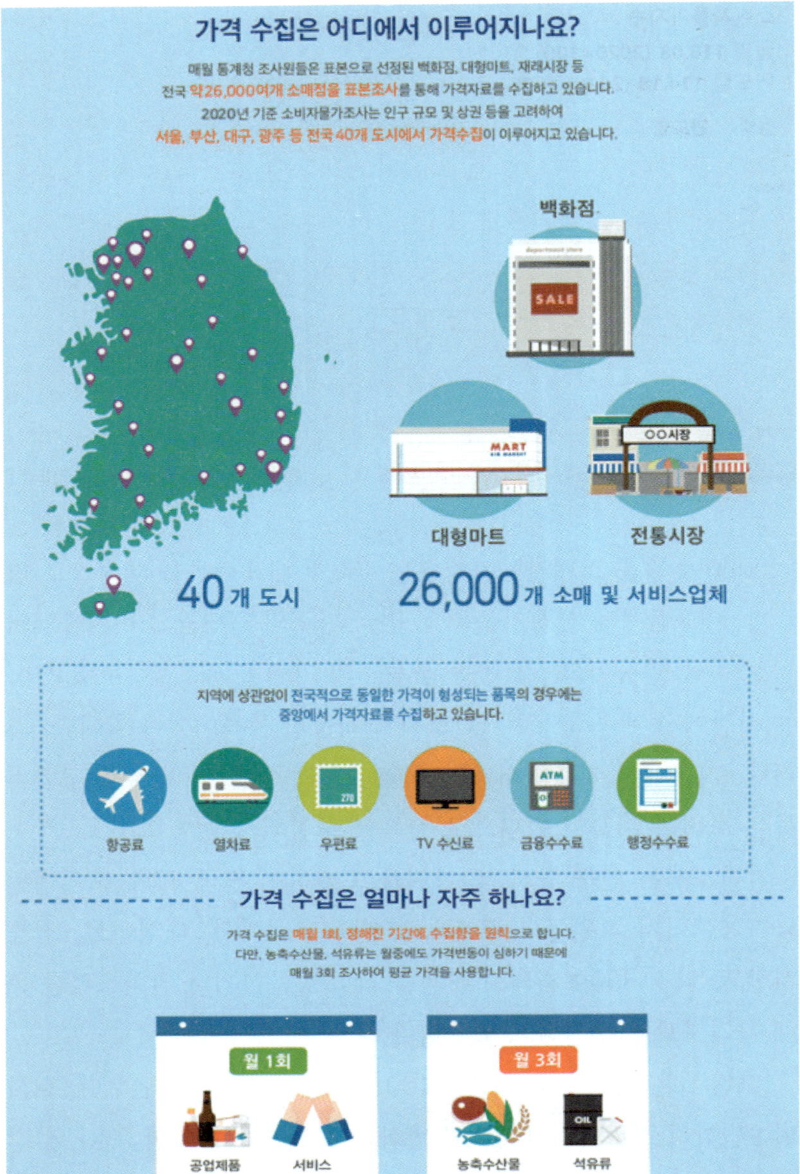

[그림 2] 소비자물가지수를 작성하기 위한 가격조사 장소 및 방법

(출처 : 국가데이터처)

지출목적별 부문

식료품 및 비주류음료	주류 및 담배	의류 및 신발	주택,수도, 전기 및 연료	가정용품 및 가사서비스	보건	교통	통신	오락 및 문화	교육	음식 및 숙박	기타상품 및 서비스
140품목	7품목	25품목	15품목	50품목	34품목	33품목	6품목	47품목	20품목	44품목	37품목

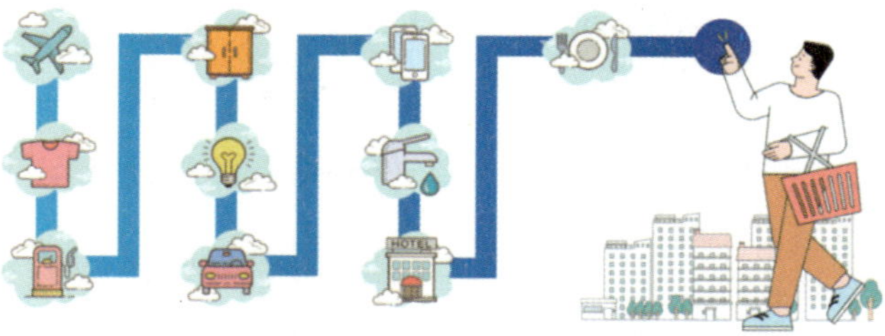

[그림 3] **소비자물가지수를 작성하기 위한 대표 품목군** (출처 : 국가데이터처)

조사 대상인 모든 품목 가운데 식료품, 음식, 전기 및 연료 등과 같이 많은 사람들이 반드시 필요로 하는 품목과 담배, 술 등과 같이 원하는 사람만이 이용하는 품목을 같은 비중으로 취급하면 안되겠지요? 그래서 많은 사람들이 반드시 이용하는 품목들은 높은 가중값을 부여하고, 그렇지 않은 품목들은 낮은 가중값을 부여하여 계산합니다.

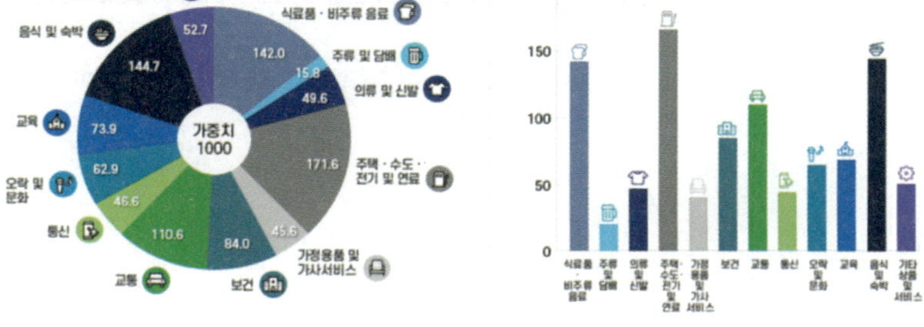

[2022년 기준 지출목적별 분류 가중치]

[그림 4] 2022년 기준 주요 품목별 가중값 (출처 : 국가데이터처)

정부에서는 소비자물가지수를 고려하여 매달 '**물가상승률**'을 발표합니다. 최근 국가데이터처의 발표에 의하면 2025년 3월의 물가는 2024년 2월에 비해 2.1% 상승했다고 해요. 그러나, 일반 서민들이 느끼는 체감 상승률은 정부의 발표보다 항상 높습니다. 그 이유는 일반 서민들이 늘 이용하는 품목의 수가 제한되어 있기 때문입니다. 쌀, 석유류, 식료품값 등 가중값이 높은 품목들을 서민들이 주로 이용하기 때문에 이 품목들의 가격이 조금만 올라도 체감물가는 많이 올라갑니다.

[그림 5] 일반 가계에서 쓰는 품목은 제한되어 있으므로 정부에서 발표하는 물가상승률보다 체감 물가상승률은 항상 더 높아요

(출처 : 국가데이터처, 2025.04.02.)

이와 같은 현실을 감안하여 국가데이터처 홈페이지에는 '**우리 집 물가상승률**'을 따로 계산할 수 있는 코너가 있어요. 우리 집 물가상승률은 우리 집과 특성이 유사한 가구들의 소비지출액 구조를 반영한 통계값으로서 공식적인 물가지수는 아닙니다.

물가가 상승하면 화폐의 가치는 어떻게 될까요? 2020년에는 1만 원으로 식당에서 한 사람이 된장찌개 1인분과 소주 한 병을 주문할 수 있었는데, 2025년에는 1만 원으로 된장찌개 1인분도 빠듯하게 주문할 수 있을 뿐입니다. 5년 사이에 1만 원의 가치는 소주 1병만큼 떨어지고 말았어요. 이와 같은 일이 발생할 것에 대비해 화폐의 가치를 측정하는 방법으로 소비자물가지수를 이용할 수 있습니다.

아래 표는 국가데이터처에서 발표한 2015년부터 2025년 2월까지의 소비자 물가지수(CPI)예요.

[표 1] 우리나라 소비자물가지수(CPI) (기준 2020년=100, 2025년은 2월)

연도	2015	2016	2017	2018	2019	2020	2021	2022	2023	2024	2025
CPI	94.9	95.8	97.6	99.1	99.5	100	102.5	107.7	111.6	114.2	116.1

[표 1]을 보면 2020년 전체 평균을 기준값 100으로 하였을 때 2025년 2월의 소비자물가지수는 116.1로서 16.1% 상승하였어요. '16.1% 상승'은 전체 458개 대표품목의 가격이 품목별 가중값을 고려하여 2020년에 비해 16.1% 상승했다는 의미입니다.

소비자물가지수도 기준시점 대비 비교시점의 값을 계산하는 방식으로 구할 수 있기 때문에 이 방법을 이용하면 기준시점 대비 화폐의 가치를 계산할 수 있습니다. 간단한 예를 들어볼까요? A씨의 연봉은 2015년에 2,000만 원이었어요. 그 후 꾸준히 올라 2024년의 연봉은 3,000만 원이 되어 2015년 대비 50% 올랐어요. 그러나, A씨가 생각하기에 물가는 계속 올라 살림살이는 나아진 것 같지 않았습니다. 소비자물가지수를 이용하면 지난 10년간 A씨의 **실**

질임금 상승률을 계산할 수 있습니다. 두 시점 사이의 화폐가치 변화를 계산하는 공식은 다음과 같아요.

$$\text{시점 } B\text{에서의 화폐가치} = \text{시점 } A\text{에서의 화폐가치} \times \frac{\text{시점 } B\text{에서의 } CPI}{\text{시점 } A\text{에서의 } CPI}$$

따라서, 위의 공식에 각 값을 대입하면, 2015년 2,000만원이 2024년의 화폐가치로는 얼마나 되는지 알 수 있습니다.

$$2024\text{년 화폐가치} = 2{,}000\text{만원} \times \frac{114.2}{94.9} = 24{,}067{,}439.41\text{원}$$

물가를 감안해 볼 때, 2015년의 2,000만원은 2024년 가치로 환산하면 약 2,406만원 정도가 됩니다. 따라서, 2024년 김씨의 연봉 3,000만원은 2015년 2,000만원의 화폐가치가 2024년 2,406만원이므로 2015년 대비 약 24.7%가 인상되었을 뿐이에요.

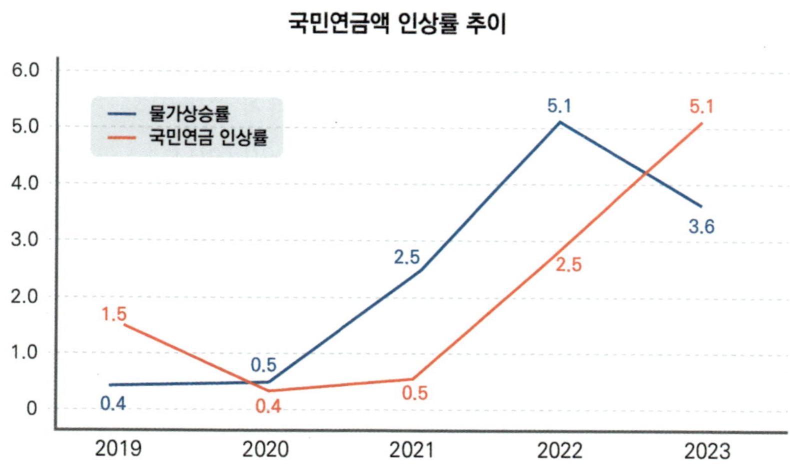

[그림 6] **국민연금액 인상률 추이** (단위 : %)

(자료 : 보건복지부)

소비자물가지수는 연금으로 생활하는 사람들에게는 매우 중요한 지표입니다. 지금 받고 있는 국민연금이 월 200만 원이라면, 이 금액이 10년 후에도 지금과 마찬가지로 월 200만 원의 가치를 가질까요? 소비자물가지수가 오름에 따라 화폐의 가치는 하락하겠지요. 정부에서는 소비자물가지수와 물가상승률을 반영하여 연금 수급자들이 받는 국민연금과 공적연금을 매년 인상하고 있습니다.

소비자물가지수는 경기판단지표와 화폐의 구매력 측정수단으로 사용되는 것 이외에도 우리나라 중앙은행인 한국은행의 통화정책에도 중요한 지표로 사용되고 있습니다. 실물경제의 측면에서 보면 물가와 통화정책은 매우 밀접한 관계가 있어요. 지난 2020년 코로나19 사태 때의 '긴급재난 지원금'과 '상생 국민지원금'처럼 전 국민 대상 정부 지원금으로 시중에 돈이 많이 풀리면 물가는 상승할 수밖에 없습니다.

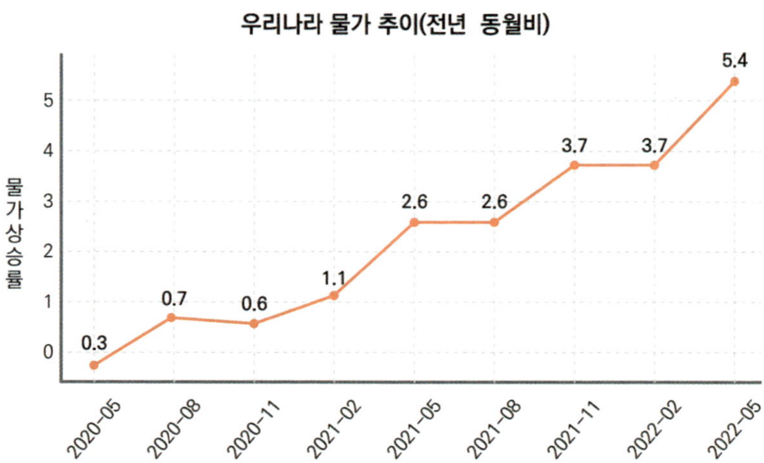

[그림 7] 코로나19 긴급재난지원금 지급 시기 물가 추이 (단위 : %)

(자료 : 국가데이터처)

[그림 7]은 코로나19 긴급재난지원금 지급 시기인 2020년 5월부터 2022년 5월까지의 물가 상승률 추이를 나타낸 그래프입니다. 그래프를 보면 재난지원금 지급 초기는 우리나라의 경제 사정이 나쁜 탓에 물가상승률이 낮았지만, 2022년에 들어 지급된 지원금이 누적되자 물가가 급격히 상승하였어요.

물가가 상승하는 것과 같이 경기가 과열되면 정부에서는 물가의 안정을 위해 시중에 풀려 있는 돈이 은행으로 유입될 수 있도록 금리를 높일 수밖에 없습니다. 금리가 높아지면 금융기관의 대출을 받아 사업을 하거나 집을 구입한 사람들에게는 매우 불리할 수 있어요. 따라서, 정부에서는 이런저런 사정을 모두 고려하여 통화정책을 운용하고 있습니다.

개인의 인생 경제계획을 세울 때 소비자물가지수(CPI)를 기준으로 하는 것은 합리적이에요. [표 2]는 개인이 인생 주기별 경제계획을 세울 때 소비자물가지수(CPI)를 반영하는 사례입니다.

[표 2] 개인의 인생 주기별 경제계획 수립에서 소비자물가지수(CPI)의 반영

인생 단계	주요 재무목표	CPI 반영방법
청년기 (20~30대)	• 학자금 상환 • 결혼 및 주택 마련 • 기본 저축 시작	• 주거비·교육비 CPI 반영, • 전월세, 생활물가 상승률을 고려해 저축액 책정
중년기 (40~50대)	• 자녀 교육비 • 노후 준비 • 주택 대출 상환	• 교육비 CPI 반영(대학 등록금, 사교육비 등은 평균 CPI보다 상승률이 높음). • 생활비 인플레이션을 고려해 퇴직연금·연금저축에 추가납입

인생 단계	주요 재무목표	CPI 반영방법
장년기 (60대 이후)	• 은퇴 후 생활비 • 의료비 • 여행준비	• 의료비 CPI 반영(고령층 의료비는 전체 CPI보다 상승률이 높은 경우가 많음). • 최소 생활비(식료품·주거비) + 여가비용을 포함해 물가상승률을 적용

세 번째 주제

통계, 어렵지 않아요

세상 이야기

7

• 평균의 함정 … 빠지면 안되는 이유 - 대표값에 대한 이야기

바다를 이용한 해상화물 운송은 기원전 약 2000년부터 시작되었다고 해요. 처음에는 운송하는 화물의 규모가 크지 않았으나, 국가나 지역 사이에 필요한 물품의 교류가 활발해지면서 선박의 크기도 커지고, 운송 기술도 날이 갈수록 발달했습니다. 아무리 배의 크기가 크고 운항 기술이 발달해도 폭풍과 같은 자연재해는 이길 수가 없었어요. 그래서 바다로 물건을 수송하는 과정에서 손해가 발생할 경우, 발생한 손해에 대해 선주와 화물주 사이에 책임을 어떻게 분배할 것인가에 대해 논의하게 되었습니다.

불가피한 사유로 인해 발생한 선박과 화물의 손해에 대해 양측이 공평하게 부담하자고 논의하게 된 것이 우리가 알고 있는 'average'의 시작입니다. 영어 사전에서 average를 찾아보면 '평균' 이외에도 '바다에서 발생하는 손해'라는 뜻도 있어요. 공동해손(General Average, GA) 제도는 오랜 역사를 지닌 해상법의 고전적 원칙으로서,

현대 해운업에서도 여전히 중요한 위험 분담 메커니즘으로 기능하고 있습니다. 이 원칙은 단순히 법적인 개념을 넘어 해상운송의 본질적 특성, 즉 공동의 위험과 운명을 함께하는 해상 항해의 특수성을 반영하는 개념이에요.

[그림 1] 선박관련 보험약관에는 선박사고에 대해 '공동해손(General Average)' 규정이 있어요.

우리에게 익숙한 **'평균'** 은 자료의 집합이나 숫자로 된 현상의 특징을 설명하는 **'대표값'** 으로 가장 많이 쓰입니다. 통계학적으로 보면 대표값은 자료의 **'중심위치의 척도**(measure of location)'라는 의미가 있는데, 이것은 대표값을 중심으로 자료들이 모여 있다는 뜻이에요. 대표값에는 평균 이외에도 **중위수**(median, 중앙값), **최빈수**(mode)가 있고, 넓게 보면 **사분위수**(quartile)와 **백분위수**(percentile)도 포함됩니다. 자료의 대표값으로 가장 많이 사용되고 있는 평균은 자료의 합을 자료의 개수로 나누어 구할 수 있어요. 그러나, 자료들 가운데 **이상값**(outlier)이 존재할 때는 대표값으로 평균을 사용하기에는 망설여지기도 합니다.

[표 1] 2014~2015 시즌 클리블랜드 캐벌리어스(Cleveland Cavaliers) 선수들의 연봉

선수	연봉($)	선수	연봉($)
LeBron James	20.6 백만	Iman Shumpert	2.6 백만
Kevin Love	15.7 백만	Brendan Haywood	2.2 백만
Anderson Varejao	9.7 백만	James Jones	1.4 백만
Kyrie Irving	7.1 백만	Shawn Marion	1.4 백만
J.R. Smith	6.0 백만	Joe Harris	0.9 백만
Tristan Thompson	5.1 백만	Matthew Dellavedova	0.8 백만
Timofey Mozgov	4.7 백만	Kendrick Perkins	0.4 백만
Mike Miler	2.7 백만		

[표 1]은 2014~2015시즌 클리블랜드 캐벌리어스 농구팀 선수 15명의 대략적인 연봉을 나타내고 있어요. 이 팀 선수 15명의 평균 연봉을 계산해 보면 5.5백만 달러입니다. Kendrick Perkins와 같이 40만 달러를 받는 선수도 있지만, LeBron James와 Kevin Love 선수는 어마어마한 돈을 받습니다. 우리가 의문을 가지는 이슈는 평균값인 5.5백만 달러가 15명 선수들의 연봉을 대표할 수 있는 값인가에 대해서는 동의하기 어렵기 때문입니다.

[표 1]에서 보는 것처럼 어떤 값이 그 자료 집합의 성질에서 크게 벗어난 값일 경우, 평균은 자료의 중심값이라는 대표값으로서의 의미를 잃어버리게 됩니다. [표 1]에서 자료 집합의 성질에 맞지 않게 너무 크거나 작은 값인 Kendrick Perkins나 LeBron James의 연봉을 통계학에서는 이상값 또는 **극단값**(extreme value)이라고 해요.

이처럼 이상값이 존재하는 자료의 경우 **절사평균**(trimmed mean)이나 중위수를 사용하면 좋아요. 중위수는 자료를 올림차순으로 나열하였을 때 가운데 위치하는 숫자를 말합니다. 그러니 양극단에 아무리 크거나 작은 숫자가 있어도 중위수의 계산에는 아무런 영향을 미치지 못하겠지요.

[표 2] 2014~2015 시즌 클리블랜드 캐벌리어스 선수들 연봉의 평균과 중위수

	연봉의 평균	연봉의 중위수
평균과 중위수 비교	5.5백만 달러	2.7백만 달러

[표 2]에 나타낸 2014~2015시즌 클리블랜드 캐벌리어스 농구팀 선수 15명 연봉의 중위수 2.7백만 달러는 평균 5.5백만 달러에 비해 이 팀 선수들의 연봉을 잘 대표한다고 할 수 있습니다.

[그림 2] 2014~2015시즌 당시 환율에 따라 계산한 클리블랜드 캐벌리어스 농구팀의 평균연봉은 96억 원으로 전 세계 프로스포츠 구단 중 평균연봉이 가장 높은 팀이었어요. 2위는 프로야구팀 뉴욕 양키즈로 85억7천만 원이었습니다.

(출처 : unsplash의 Salah Regouane)

체조나 다이빙, 피겨스케이팅과 같은 스포츠 경기에서 일부 심판이 자기가 좋아하는 선수에게 높은 점수를 주거나 반대로 싫어하는 선수에게 너무 낮은 점수를 주는 경우가 가끔 있어요. 이런 일이 발생하면 공정성의 문제가 발생할 수 있으므로, 선수가 받은 점수들 가운데 제일 높은 점수와 제일 낮은 점수를 제외하고 나머지 점수들의 평균을 사용하여 순위를 결정합니다. 이때 사용하는 평균을 절사평균이라 해요.

[그림 3] 피겨스케이팅의 순위는 제일 높고 낮은 값을 제외한 나머지 점수들의 평균인 '절사평균'으로 결정합니다.

정부에서는 국가데이터처나 여러 행정부서를 통해 많은 부문에서 대표값이나 비율 등과 같은 통계값을 생성하고 있고, 이 값을 근거로 여러 정책을 수립하여 시행하고 있습니다. 예를 들어, 보건복지부에서는 국민 생활과 직접 연관이 되는 각종 복지정책의 기본자료로 우리나라 전체 가구를 대상으로 조사하는 **'기준중위소득(median income)'**을 사용해요. 기준중위소득은 우리나라 총가구의 월 세전소득을 조사하여 오름차순으로 배열한 뒤 정확히 가운데 있는 값을 말하는 것입니다.

이렇게 계산한 기준중위소득은 기초생활 보장제도를 비롯한 각종 복지정책에서 수급자를 선정하는 기준으로 활용되고 있는 중요한 지표입니다. 우리나라 가구소득은 재벌그룹의 회장과 같이 매우 높은 가구도 있고, 하루 벌어 하루를 살아가는 가난한 가구도 있겠지요. **'가구평균소득'**을 정책의 지표로 삼는다면 이런 극단값들의 변화에 따라 복지정책의 기본방향을 안정되게 유지할 수 없게 될 것이므로 '평균소득'이 아닌 '중위소득'을 정책 수립의 기준으로 삼고 있습니다.

[표 3] 우리나라 가구별 기준중위소득의 변화 (단위 : 원/월)

구분	1인	2인	3인	4인	5인	6인	7인
2021년	1,827,831	3,088,079	3,983,950	4,876,290	5,757,373	6,628,603	7,497,198
2022년	1,944,812	3,260,085	4,194,701	5,121,080	6,024,515	6,907,004	7,780,592
2023년	2,077,892	3,456,155	4,434,816	5,400,964	6,330,688	7,227,981	8,107,515
2024년	2,228,445	3,682,609	4,714,657	5,729,913	6,695,735	7,618,369	8,514,994
2025년	2,392,013	3,932,658	5,025,353	6,097,773	7,108,192	8,064,805	8,988,428

(출처 : 보건복지부 홈페이지)

기준중위소득을 기준으로 작성한 각종 기초생활 보호제도의 수급기준은 [표 4]와 같아요. 가구소득의 기준중위소득의 30%인 가구는 **'생계급여 수급기준'**가구이고, 40%는 **'의료급여 수급기준'**, 47%는 **'주거급여 수급기준'**, 50%는 **'교육급여 수급기준'**에 해당하는 가구입니다. 이렇게 정해진 기준에 따라 정부에서는 수급대상자들을 대상으로 복지정책을 실시하게 됩니다.

보건복지부에서는 2025년의 수급기준을 2024년에 비해 4인가구 기준으로 6.42% 인상했다고 발표했어요([표 4] 참조). 이처럼 우리가 잘 사용하지 않는 대표값인 중위수도 우리 생활에서 중요한 역할을 하고 있음을 알 수 있습니다.

[표 4] 가구원 수에 따른 2024년도 및 2025년도 각종 기초생활보호제도의 수급 기준

(단위 : 원/월)

가구원 수		1인	2인	3인	4인	5인	6인
교육급여 (중위 50%)	'24년	111만4,223	184만1,305	235만7,329	286만4,957	334만7,868	380만9,185
	'25년	119만 6,007	196만 6,329	251만 2,677	304만 8,887	355만 4,096	403만 2,403
주거급여 (중위 48%)	'24년	106만9,654	176만7,652	226만3,035	275만358	321만3,953	365만6,817
	'25년	114만 8,166	188만 7,676	241만 2,169	292만 6,931	341만 1,932	387만 1,106
의료급여 (중위 40%)	'24년	89만1,378	147만3,044	188만5,863	229만1,965	267만8,294	304만7,348
	'25년	95만 6,805	157만 3,063	201만 141	243만 9,109	284만 3,277	322만 5,922
생계급여 (중위 32%)	'24년	71만3,102	117만8,435	150만8,690	183만3,572	214만2,635	243만7,878
	'25년	76만 5,444	125만 8,451	160만 8,113	195만 1,287	227만 4,621	258만 738

(출처 : 제73차 중앙생활보장위원회 관련 보건복지부 보도자료, 2024.07.25.)

좀 더 범위를 넓혀보면 사분위수와 백분위수도 대표값의 하나라고 할 수 있어요. 사분위수는 자료를 크기 순으로 나열하였을 때 각각 25% 지점(1사분위수), 50% 지점(2사분위수), 75% 지점(3사분위수)에 위치한 값입니다. 물론 평균이나 중위수도 중요한 대표값이지만 자료 집합의 25%와 75% 지점에 있는 값도 자료의 성질을 이해하는 데 많은 도움이 됩니다.

소득이나 수명 등의 자료에서 평균들 사이에 비교 연구도 많이 하지만, 각 사분위수 지점에서 사분위 값들 사이의 비교 연구도 의미가 있습니다.

미국과 서유럽 국민들의 평균수명을 소득을 기준으로 각 사분위수 지점에 대해 비교한 결과가 최근 언론에 보도되었습니다. 미국 Brown대 공중보건대학원의 아이린 파파니콜라스(Irene Papanicolas) 교수가 이끄는 연구진은 미국의 건강 및 은퇴 연구와 유럽의 건강,

고령화 및 은퇴 조사를 토대로 50~85세 성인 73,000명 이상의 재산과 생존율을 비교했어요.

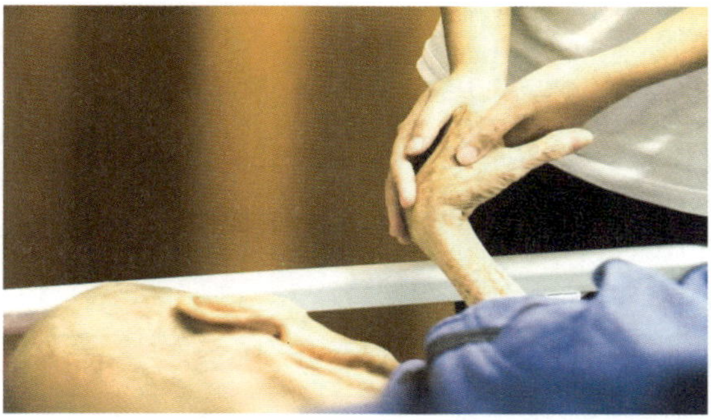

[그림 4] 미국의 부유층(3사분위 지점)의 평균생존율이 서유럽의 가난한 사람들(1사분위 지점)의 평균생존율보다 낮았다고 해요. (출처 : picryl.com)

연구결과 모든 부의 수준에서 미국인들이 유럽인들보다 10년 내 사망할 가능성이 더 높다는 사실을 알았습니다. 미국의 부유한 사분위 지점(3사분위 지점)의 생존율은 독일, 프랑스, 네덜란드 등 서유럽 지역에서 가난한 사분위 지점(1사분위 지점)의 생존율과 비슷한 것으로 조사됐습니다. 즉, 부유한 미국인의 평균생존율은 가난한 유럽인들과 비슷했으며, 부유한 유럽인보다는 낮은 것으로 나타났어요.

연구진은 미국의 취약한 사회 안전망과 구조적 격차가 빈곤층뿐 아니라 부유층의 생존율도 떨어뜨린다고 강조했어요. 파파니콜라스 교수는 “이번 연구 결과는 미국에서 경제적 불평등이나 스트레스, 식단 또는 환경적 위험과 같은 위험 요인 등 낮은 기대 수명을 가져오는 시스템적 문제로부터 가장 부유한 미국인들도 보호받지 못한다는 것을 극명하게 보여준다”라고 밝혔습니다. 연구 결과를 보면 부유한 미국인이 모두 다 행복한 것만은 아닌 것 같아요.

수능 성적통지표 읽는 법

인적사항

수험번호	성 명		생년월일	성별	출신고교 (반 또는 졸업 연도)		
12345678	홍길동		04.09.05	남	한국고등학교 (9)		
영 역	한국사	국어	수학	영어	탐구		제2외국어/한문
선택과목		화법과 작문	확률과 통계		생활과 윤리	지구과학 I	독일어 I
① 표준점수		131	137		53	64	
② 백분위		93	95		75	93	
③ 등 급	2	2	2	1	4	2	2

2022. 12. 9
한국교육과정평가원장

① 표준점수 원점수가 평균에서 얼마나 떨어져 있는지 나타낸 점수. 평균과의 거리로 높을수록 유리

시험이 쉬울 경우	시험이 어려울 경우
평균 ↑ · 표준점수 최고점 ↓	평균 ↓ · 표준점수 최고점 ↑

② 백 분 위 응시 학생 전체 중 그 학생보다 낮은 점수를 받은 학생 비율. 응시생의 '등수' 예) 백분위 99% = 상위 1%

③ 등 급 표준점수 또는 원점수에 근거해 수험생을 9등급으로 나눈 것

[그림 5] 2022년 수능 성적통지표

우리나라 대학입시에서는 **원점수**, **표준점수** 및 **백분위점수**가 수험생들의 당락을 판별하는 데 중요한 기준으로 사용됩니다. 원점수는 학생들이 받은 교과목의 원래 점수이고, 표준점수는 해당 교과목을 선택하여 시험을 치른 전체학생들의 평균점수와 표준편차를 감안하여 계산한 개인의 점수를 말하는 것이에요. 백분위수는 크기가

있는 값들로 이루어진 자료를 순서대로 나열했을 때, 백분율로 나타낸 특정 위치의 값을 의미하는 용어입니다. 일반적으로 크기가 작은 수부터 나열하여 가장 작은 수를 0, 가장 큰 수를 100으로 해요.

예를 들어, 내 성적이 96백분위수라면 96%의 학생들이 나보다 낮은 점수를 받았다는 의미입니다. 백분위수는 대학입시에서 수학능력시험의 등급 구분에 많이 사용되는데, 입시당국에서는 "올해 수능에서 수학과목의 1등급은 96백분위수에 해당합니다"라고 발표하기도 해요. 나머지 등급들도 백분위수를 이용해 같은 방법으로 결정됩니다.

의사 선생님들은 환자들을 진료할 때 환자로부터 얻은 많은 자료를 근거로 치료 방법을 결정합니다. 만약 환자의 자료를 잘못 이해하게 되면 오진을 하게 되겠지요. 통계를 이용하는 사람들도 마찬가지입니다. 이상값이 포함된 자료로부터 평균을 계산하여 이 값이 옳다고 판단한다면 잘못된 의사결정을 하겠지요. 이러한 현상을 "**평균의 함정에 빠진다**"라고 합니다. 이와 관련하여 자주 사용하는 예가 있습니다.

군대에서 소대장이 소대원을 이끌고 적들이 매복해 있으리라 생각되는 곳으로 정탐을 나갔어요. 앞에 있는 강을 건너기 위해 주위를 둘러보니 '평균 깊이 1m'라고 적힌 표지판이 있었습니다. 소대장은 거침없이 진격을 명령했어요. 그 결과 어떻게 되었을까요?

[그림 6] 평균의 함정 … 이상값을 생각해야 해요

자료의 이상값을 간과한 소대장 때문에 많은 병사들이 익사했겠지요.

우리는 평균의 함정에 빠지지 않기 위해 중위수, 절사평균, 사분위수, 백분위수 등에 대해 이야기했습니다. 사실 대표값인 평균을 제대로 이해하려면 **'표준편차'**도 같이 사용해야 하는데 '세상 이야기 8'에서 이야기할 주제로 남깁니다.

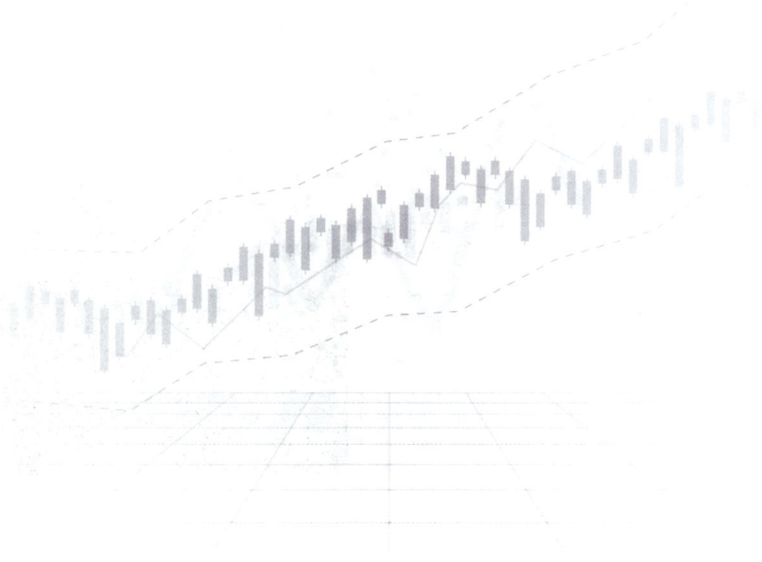

세상 이야기

8

• "High risk, high return" … 통 크게 투자해 보셨나요?
- 표준편차에 대한 이야기

여러분들의 투자성향은 어떤가요? 가끔 은행이나 증권계좌에 접속하면 본인의 투자성향을 업데이트하라는 문구와 함께 투자성향에 대한 진단 테스트를 경험할 수 있습니다. 투자성향 분석은 투자자의 리스크 수용도, 목표, 기간 등을 종합적으로 평가해 맞춤형 포트폴리오를 구성하는 절차예요. 금융기관은 고객들의 투자성향을 온라인 설문조사나 상담을 통해 분석하는데, 다음과 같이 5단계로 분류합니다.

[표 1] **금융기관의 투자성향 분류** (출처 : 네이버)

투자성향	점수(100점 만점)	투자 권유
안정형	0~20	국고채, MMF
안정 추구형	21~40	회사채(A- 이상)
위험 중립형	41~60	우량주, 배당주 등
적극 투자형	61~80	
공격 투자형	81~100	주식, 암호화폐 등

투자에 대한 격언으로 'High risk, high return'이라는 말이 있습니다. 투자에 대한 위험이 클수록 높은 수익을 얻을 수 있다는 의미예요. [표 1]에서 제시한 5단계 투자성향에 따라 투자하는 경우, 안정적인 투자를 원하는 투자자들은 낮은 수익을 얻는 대신 원금을 보장받게 됩니다. 그러나, 주식투자나 암호화폐에 투자하는 공격투자형 투자자들은 큰 수익을 낼 기회를 얻는 대신 원금을 통째로 날릴 수 있는 위험을 감수해야겠지요.

투자수익의 안정성과 위험성을 이해하기 위해서는 **표준편차**(standard deviation)의 의미를 이해해야 합니다. 표준편차는 자료가 평균을 중심으로 얼마나 흩어져 있는지를 나타내는 척도예요. 표준편차가 크면 자료는 평균을 중심으로 많이 흩어져 있고, 반대로 작으면 평균을 중심으로 자료가 모여 있습니다. 안정형으로 투자할 경우 평균수익도 낮지만 평균수익 주위에 값들이 모여 있으므로 투자에 실패할 확률은 매우 낮습니다. 그러나, 공격투자형의 경우 평균수익을 중심으로 매우 낮은 값과 매우 높은 값이 형성될 수 있겠지요. 나의 수익이 매우 낮은 값이면 많은 손해를 볼 수 있고, 매우 높은 값이면 큰 이득을 얻어 흔히 말하는 대박을 터뜨릴 수 있습니다. 안정성에만 기준을 두면 수익률이 매우 낮을 수 있으므로 금융기관에서는 투자성향에 따른 종목을 선택하여 골고루 분산 투자하는 방법을 권장하고 있어요.

[그림 1]은 공적인 연금만으로 노후 대비가 어려운 상황에서 사적연금인 '연금저축펀드' 가운데 수익률이 높고 안정적으로 운용하는 종목을 선택하는 기준을 소개한 기사입니다.

[그림 1] 연금저축펀드의 올바른 선택기준 (출처 : 금융감독원 '연금저축 이해하기')

자료의 특성을 알기 위한 대표적인 방법으로 합당한 그래프를 그리거나 통계값을 계산할 수 있어요. 자료에 알맞은 그래프를 그려보면 자료의 중심위치나 퍼짐, 그리고 추세 등을 쉽게 알 수 있습니다. 일상생활에서 가장 많이 이용되는 통계값은 자료의 중심위치를 나타내는 평균과 평균을 중심으로 퍼짐의 정도를 나타내는 표준편차예요.

분포(distribution)는 자료가 흩어져 있는 모양을 의미합니다. 사람마다 얼굴의 생김새가 다양하듯이 자료가 흩어져 있는 모양도 다양해요. 사람의 얼굴 모양이 '둥근 모양', '길쭉한 모양' 등과 같은 별칭을 부르는 것처럼, 분포도 자료가 흩어져 있는 모양에 따라 '정규분포', '지수분포', '이항분포'와 같은 이름을 가지고 있습니다.

예를 들어, 전구의 빛의 밝기는 처음에는 매우 밝다가 시간이 흐를수록 점점 어두워지면서 어느 순간 수명을 다하게 되지요. 이와 같이 시간의 흐름에 따라 점점 작아지는 값을 갖는 자료는 '**지수분포**(exponential distribution)'를 따른다고 합니다.

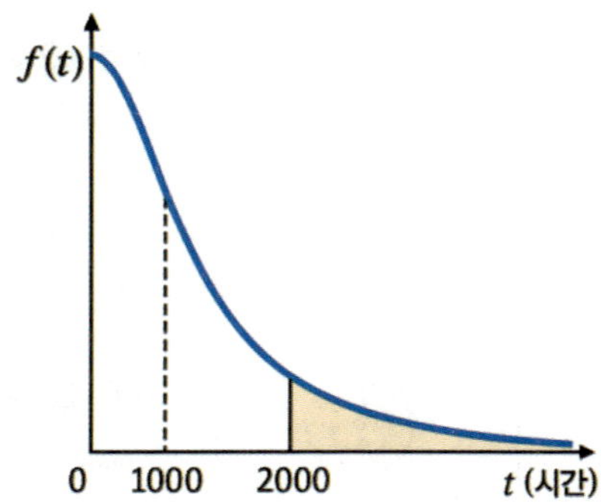

[그림 2] **지수분포의 예 – 시간 t 값이 커질수록 수명 $f(t)$값은 작아져요.**

평균과 표준편차는 각 분포들의 성질을 나타내는 중요한 척도인데, 정규분포에만 있는 값이 아닙니다. 앞에서 예로 들었던 지수분포와 이항분포에도 평균과 표준편차가 있어요. 그러나, 정규분포가 우리 생활에 가장 많이 쓰이는 분포이고, 어떤 분포이든 자료의 개수가 많아지면 정규분포에 가까워지는 성질을 가지고 있습니다. 따라서 정규분포를 위주로 평균과 표준편차의 역할을 알아보는 일은 의미가 있어요.

정규분포는 실생활에서 다양한 현상을 분석하고 예측하는 데 중요한 도구로 활용됩니다. 해마다 발표되는 수학능력시험의 과목별 점수분포, 병역의무를 이행하기 위해 신체검사를 받는 젊은이들의 키와 몸무게의 분포 등은 자료의 개수가 많으므로 자료는 정규분포를 가정할 수 있어요.

1. 68–95–99.7 법칙

정규분포는 평균과 표준편차에 의해 위치와 모양이 결정됩니다. 실생활에서는 사용하는 자료에 따라 평균과 표준편차가 다른 많은 정규분포들이 있어요. 위치와 모양이 다른 정규분포라도 평균과 표준편차 사이에는 '68–95–99.7 법칙'이 성립합니다. '68–95–99.7 법칙'이란

❶ 관찰값의 약 68%는 평균에서 양쪽으로 1×표준편차 이내에 들어감

❷ 관찰값의 약 95%는 평균에서 양쪽으로 2×표준편차 이내에 들어감

❸ 관찰값의 약 99.7%는 평균에서 양쪽으로 3×표준편차 이내에 들어감

을 의미합니다.

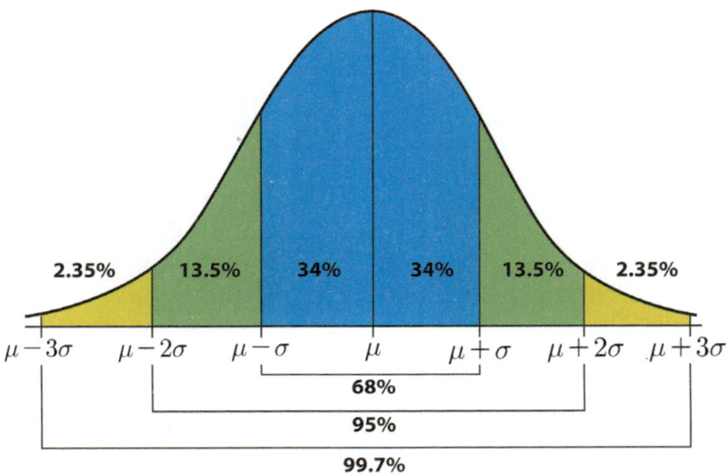

[그림 3] 정규분포 곡선과 68–95–99.7 법칙(μ : 평균, σ : 표준편차)

정규분포에서 표준편차가 어떤 일을 하는가에 대해 '2023년 병역판정검사 현황자료'를 예로 들어 이야기해 봅시다.

[그림 4]는 2023년에 징병검사를 받은 우리나라 젊은이 약 24만 명의 키에 대한 자료입니다. 이 해에 징병검사를 받은 젊은이들의 평균신장은 174.4cm였고, 표준편차는 알려지지 않았어요. 병무청에서는 발표하지 않았으나, 2020년에 조사되었던 '제8차 한국인 인체지수' 조사결과인 남성 키에 대한 표준편차 5.6을 이용하겠습니다. [그림 4]에서 평균과 중앙값이 각각 174.4로 같다는 것은 이 자료가 정규분포에 매우 가깝다는 것을 의미하며, 분포 모양도 좌우대칭인 정규분포의 형태를 가집니다.

신장별	2023
	계
계 (명)	238,604
138cm미만 (명)	10
138–140.9cm (명)	0
141–145.9cm (명)	6
146–150.9cm (명)	25
151–155.9cm (명)	216
156–160.9cm (명)	2,113
161–165.9cm (명)	14,146
166–170.9cm (명)	48,543
171–175.9cm (명)	79,218
176–180.9cm (명)	62,302
181–185.9cm (명)	25,263
186–190.9cm (명)	5,763
191–195.9cm (명)	802
196–200.9cm (명)	74
201cm이상 (명)	5
기타 (명)	118
평균 (cm)	174.4
중앙값 (cm)	174.4
최소값 (cm)	110.0
최대값 (cm)	206.4

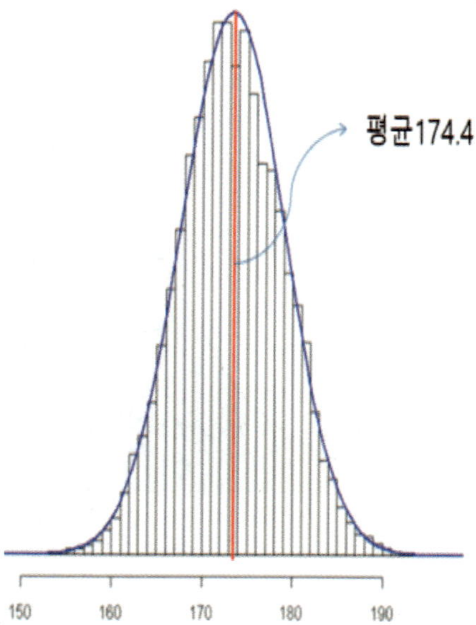

[그림 4] 2023년 병역판정검사 현황

(출처 : 병무청)

[표 2]는 2023년 병역판정검사를 받은 장병들의 신장을 68-95-99.7 법칙을 이용하여 추정한 구간입니다.

[표 2] 2023년 병역판정자료에서 68-95-99.7 법칙의 적용

구간	구간에 속한다고 생각되는 자료의 비율
174.4 ± 1×5.6 (168.8cm~180.0cm)	약 68%
174.4 ± 2×5.6 (163.2cm~185.6cm)	약 95%
174.4 ± 3×5.6 (157.6cm~191.1cm)	약 99.7%

[표 2]를 이용하면 제3 표준편차 구간은 약 157.6cm에서 약 191.1cm 사이예요. 이 구간에 대응하는 [그림 4]의 징병판정검사 인원은 약 237,723명이므로 전체 인원 238,604명 대비 약 99.63%로서 [표 2]에서 계산한 99.7%와 비슷한 숫자입니다. 따라서 우리는 "2023년 징병검사를 받았던 대상자들 신장의 99.63%가 약 157.6cm([그림 4]에서는 156.0cm)에서 약 191.1cm 사이에 있다"라고 말할 수 있습니다.

이처럼 자료의 평균만 아는 것보다 표준편차를 같이 아는 것이 정보의 질과 양적인 면에서 비교할 수 없을 만큼 우수하다는 것을 알 수 있어요.

2. 표준점수와 표준편차

앞에서 이야기 한 바와 같이 표준편차는 평균과 함께 통계학에서 자료집단의 분포에 대한 성질을 알기 위해 꼭 필요한 값이에요. 평균과 표준편차에 따라 달라지는 여러가지 모양의 정규분포를 하나의 모양으로 표준화시키기 위해 원점수에 대한 **표준점수**(standard score)를 이용할 수 있는데, 다음과 같이 계산할 수 있습니다.

$$\text{표준점수} = \frac{\text{원점수} - \text{평균}}{\text{표준편차}}$$

수능시험의 과학 과목에서 물리점수와 화학점수를 비교할 수 있을까요? 수능시험은 해마다 난이도가 달라서 원점수로 평가한다면 수험생이 어느 과목을 선택하는가에 따라 그 사람의 인생이 달라질 수 있습니다. 대부분의 대학교에서는 물리와 화학의 평균과 표준편차를 이용하여 계산한 표준점수를 선발기준으로 사용하고 있는데, 과목에 대한 변환기준을 따로 마련하고 있어요.

예를 들어, A군은 평균이 60, 표준편차 15인 어느 대학교 입학시험의 국어영역에서 90점을 얻었다고 합시다. A군이 진학하고자 하는 대학교는 변환기준이 평균 100점, 표준편차 20점을 사용하고 있어요.

A군이 받은 점수의 변환표준 점수를 계산하는 방법은 다음과 같습니다.

$$\text{변환 표준점수} = \left(\frac{\text{원점수} - \text{평균}}{\text{표준편차}}\right) \times 20 + 100$$

이때, A군의 원점수, 표준점수, 표준변환 점수 및 백분위수는 다음과 같아요.

원점수 : 90점

$$\text{표준점수} = \left(\frac{90 - 60}{15}\right) = 2$$

$$\text{변환 표준점수} = \left(\frac{90 - 60}{15}\right) \times 20 + 100 = 140\text{점}$$

입니다.

A군의 표준점수가 2이므로 [표 3]을 이용하면 그의 백분위수는 97.73임을 알 수 있어요. 즉, A군보다 성적이 낮은 학생은 전체 응시생의 97.73%라 할 수 있습니다. 상위 4%의 학생이 1등급에 속한다면 A군은 당연히 1등급에 포함되겠지요.

[표 3] 정규분포의 백분위수

표준점수	백분위수	표준점수	백분위수	표준점수	백분위수
−3.4	0.03	−1.1	13.57	1.2	88.49
−3.3	0.05	−1.0	15.87	1.3	90.32
−3.2	0.07	−0.9	18.41	1.4	91.92
−3.1	0.10	−0.8	21.19	1.5	93.32
−3.0	0.13	−0.7	24.20	1.6	94.52
−2.9	0.19	−0.6	27.42	1.7	95.54
−2.8	0.26	−0.5	30.85	1.8	96.41
−2.7	0.35	−0.4	34.46	1.9	97.13
−2.6	0.47	−0.3	38.21	2.0	97.73
−2.5	0.62	−0.2	42.07	2.1	98.21
−2.4	0.82	−0.1	46.02	2.2	98.61
−2.3	1.07	0.0	50.00	2.3	98.93
−2.2	1.39	0.1	53.98	2.4	99.18
−2.1	1.79	0.2	57.93	2.5	99.28
−2.0	2.27	0.3	61.79	2.6	99.53
−1.9	2.87	0.4	65.54	2.7	99.65
−1.8	3.59	0.5	69.15	2.8	99.74
−1.7	4.46	0.6	72.58	2.9	99.81
−1.6	5.48	0.7	75.80	3.0	99.87
−1.5	6.68	0.8	78.81	3.1	99.90
−1.4	8.08	0.9	81.59	3.2	99.93
−1.3	9.68	1.0	84.13	3.3	99.95
−1.2	11.51	1.1	86.43	3.4	99.97

〈참고〉 푸른색 선으로 표시한 부분이 표준점수가 2일 때의 백분위수예요.

각 대학교에서는 원점수, 표준점수 및 변환표준점수, 그리고 백분위 점수 등을 이용하여 학교의 사정에 맞는 방법으로 신입생을 선발합니다.

3. 비트코인 이야기

최근 비트코인 업계 언론인 '토큰 포스트'의 보도에 의하면 투자자들이 소유하고 있는 비트코인의 평균값은 104,000달러이며 표준편차는 16,000달러인데, 최근들어 비트코인 투자자들의 투자심리가 점차 과감해지고 있다고 합니다. 과거에는 평균을 중심으로 제1표준편차 지점까지 올라도 상승에 대한 부담감을 느꼈는데, 이제는 제2표준편차 지점이 심리적 저항선으로 작용할 것 같다고 전문가들이 분석하고 있다고 합니다.

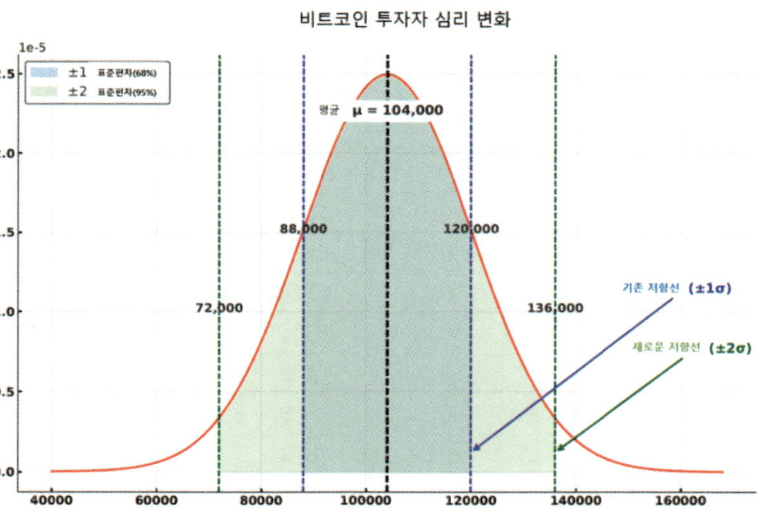

[그림 5] 비트코인 투자자들이 느끼는 심리적 저항선이 점차 높아져 가고 있어요

투자자들이 소유하고 있는 비트코인의 평균, 표준편차와 [그림 3]을 볼까요? [그림 3]의 μ와 σ에 각각 평균과 표준편차를 대입하면 [그림 5]와 [표 4]를 만들 수 있습니다.

[표 4] 비트코인 자료에서 68-95-99.7 법칙의 적용

구간 (단위 : 달러)	구간에 속한다고 생각되는 자료의 비율
104,000 ± 1×16,000 (88,000~120,000)	약 68%
104,000 ± 2×16,000 (72,000~136,000)	약 95%
104,000 ± 3×16,000 (56,000~152,000)	약 99.7%

투자자들의 투자금액이 제1표준편차 구간의 상한값인 120,000달러보다 큰 금액은 약 16% 정도이며, 제2표준편차 구간의 상한값인 136,000달러보다 큰 금액도 약 2.5% 정도임을 알 수 있습니다. 이것은 비트코인의 상승에 대한 투자자들의 기대심리가 제1표준편차의 상한값으로는 만족할 수 없으며, 제2표준편차 상한값 정도로 매우 높음을 의미합니다.

투자에는 항상 상한값만 있는 것이 아니겠지요. 비트코인처럼 표준편차가 큰 종목에 과감하게 투자하는 것은 많이 벌기도 하지만 크게 잃을 수도 있음을 알아야 합니다.

이처럼 투자자들에게는 표준편차의 의미를 알고 종목을 선택하는 것이 투자의 정석이라 할 수 있어요.

세상 이야기 9

• 아파트 가격과 선거결과는 관계가 있을까요? - 관계에 대한 올바른 해석

세상 사람들은 다른 사람들과 서로 관계를 맺고 살고 있습니다. 물론 관계의 방향에 따라 좋은 관계도 있고 그렇지 않은 관계도 있겠지요. 우리는 이런 관계의 정도나 방향을 어떻게 판단할 수 있을까요?

통계학에서 자주 말하는 '관계'에는 **'상관관계'**와 **'인과관계'**가 있어요. 상관관계는 측정 가능한 하나의 통계적 변수와 다른 변수들이 같이 변하는 함수관계를 말합니다. 인과관계는 원인과 결과의 관계로서 어떤 사건이 원인이 되어 다른 사건의 변화를 일으킬 때 변수들 사이에는 인과관계가 존재한다고 해요. 상관관계든 인과관계든 반드시 눈에 보이는 변수만이 다른 변수에 영향을 미치지는 않습니다.

국가별 평균수명에 영향을 주는 변수는 다양합니다. 평균수명에 영향을 주는 것으로 제일 먼저 생각할 수 있는 변수는 1인당 국민총

생산(GDP)입니다. 스웨덴의 통계학자인 한스 로슬링(Hans Rosling, 1948~2017)은 소득과 평균수명과의 관계를 대륙별 지도로 표시한 상관관계 그림을 만들었어요. [그림 1]을 보면 연두색으로 표시된 아메리카 대륙 국가들의 원과 하늘색으로 표시된 아프리카 대륙 국가들의 원은 포지셔닝이 많이 다름을 알 수 있습니다. 아메리카 대륙 국가들은 소득도 높고 평균수명도 긴 반면 아프리카 대륙 국가들은 소득도 낮고 평균수명도 짧아요.

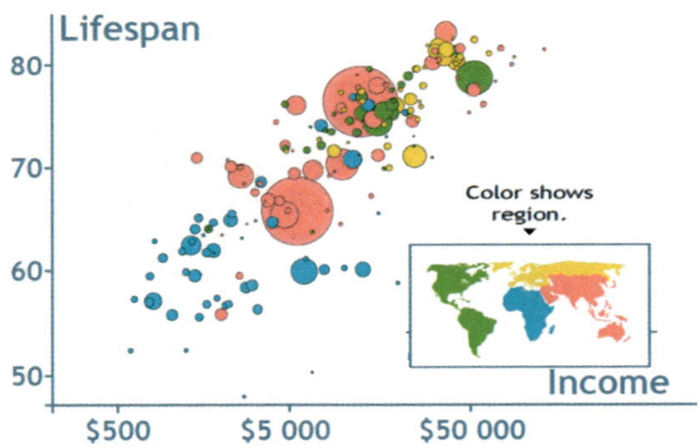

[그림 1] 출처 : gapminder.org – After 1950 : UN World Pop. Prosp. 2012. Before 1950 : hundreds of sources combined by Gapminder

아메리카 대륙이나 아프리카 대륙 이외에도 노란색으로 표시된 유럽 대륙 국가들의 평균수명과 소득과의 관계는 아메리카 대륙 국가들과 비슷합니다. 실제로 고소득 국가들 가운데는 평균수명이 짧은 나라는 거의 없고, 저소득 국가들 가운데는 수명이 매우 긴 사례는 드물어요. 세계보건기구(World Health Organization, WHO)가 2019년에 발표한 보고서에 의하면 소득 수준이 국민건강에 영향을 미치기 때문에 가난한 나라 그룹과 부유한 나라 그룹들 사이의 평균수명은 약 18.1년이라는 격차가 난다고 합니다.

Home / News / Uneven access to health services drives life expectancy gaps: WHO

Credits

Uneven access to health services drives life expectancy gaps: WHO

4 April 2019 | News release | Geneva | Reading time: 3 min (742 words)

- Where women can access health services, maternal deaths decrease, lengthening women's life expectancy.
- In many circumstances, men access health care less than women.
- Men are much more likely to die from preventable and treatable noncommunicable diseases and road traffic accidents.
- 18.1-year gap in life expectancy between poorest and richest countries.

العربية | 中文 | Français | Русский | Español

Media Contacts

Fadela Chaib
Communications Officer and Spokesperson
WHO
Email: ACTaccelerator@who.int

[그림 2] "가난한 나라들과 부유한 나라들 사이의 평균수명이 18.1년이라는 격차가 난다(18.1-year gap in life expectancy between poorest and richest countries. 붉은 선 표시)"라고 발표한 2019년 WHO 보고서의 일부

그러나 국가의 GDP가 높다고 해서 평균수명이 반드시 긴 것은 아닙니다. 의학이 많이 발달했음에도 아직 사람의 수명에는 한계가 있으므로 잘사는 나라라고 해서 평균수명이 몇백 살이 되는 것은 아니겠지요. [그림 3]은 세계은행에서 발표한 2010년 각 나라의 1인당 국내 총생산에 대한 그 나라의 기대 수명의 산점도입니다. 그림을 보면 미국(U.S)이나 리히텐슈타인(Liechtenstein)처럼 잘 사는 나라의 평균수명이 높은 것은 이해가 되나, 코스타리카(Costa Rica)의 경우 1인당 GDP가 선진국들에 비해 상대적으로 낮은데도 평균수명은 미국이나 리히텐슈타인과 비슷해요. 눈여겨 볼 국가는 아프리카의 적도기니(Equatorial Guinea)입니다. 적도기니의 1인당 GDP는 코스타리카와 비슷하지만 평균수명은 약 50세 정도로 대부분의 아프리카 국가들과 별 차이가 없어요.

코스타리카나 적도기니의 경우와 같이 비슷한 유형의 국가들과

다른 값을 가지는 경우는 그 이유를 살펴보는 것이 좋아요. 적도기니의 1인당 GDP는 2008년에 $13,048로서 아프리카 국가들 가운데서 제일 높은 수준이었어요. 그러나 국가의 주요 자원인 원유, 광물 등을 수출하여 얻은 수익을 극소수 권력층들이 독점하는 바람에 국민들의 생활 수준은 대부분의 아프리카 국가들과 다를 바가 없었습니다. 적도기니의 1인당 GDP는 이상값에 해당하는 권력층들의 소득이 포함된 값이어서 전체 국민의 소득을 대표하는 값이라 할 수 없겠지요.

코스타리카는 2010년 1인당 GDP가 $11,300로서 적도기니에 비해 오히려 낮으나, 공공 부문에서 사회보장제도를 통해 거의 완전하고 보편적인 의료보험을 제공하는 몇 안 되는 국가들 가운데 하나입니다. 코스타리카의 공공의료 시스템은 전국에 30개의 거점병원과 250개의 클리닉으로 구성된 의료기관 네트워크를 보유하고 있어 진료를 받고자 하는 환자들에게 대기시간은 길지만 적절한 수준의 의료서비스를 제공하고 있다고 합니다.

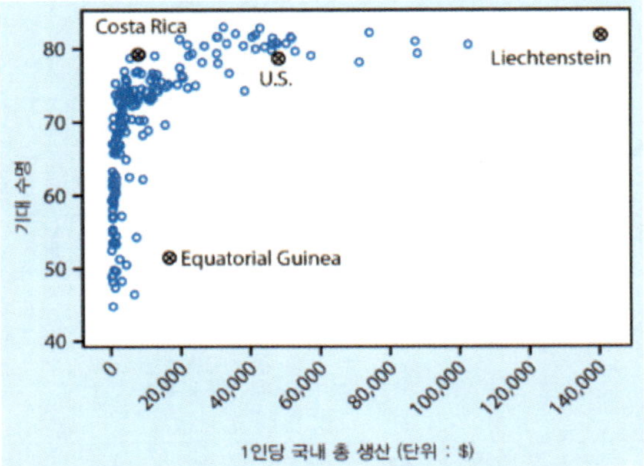

[그림 3] 2010년 국가별 1인당 GDP와 평균수명에 관한 산점도
(출처 : 심규박 : 개념과 논쟁으로 배우는 통계학, 교우사)

상관관계의 정도를 나타내는 숫자로 **상관계수**가 있어요. 상관계수는 −1에서 +1 사이의 값을 가집니다. 상관계수가 0에서 −1 사이의 값을 가지면 두 변수는 음(negative)의 관계를 가지며, 반대로 0에서 +1 사이의 값을 가지면 양(positive)의 관계를 가져요. 만약 0에 가까운 값이면 두 변수 사이에는 아무런 관계가 없을 가능성이 높아집니다.

대한민국의 2025년은 21대 대통령선거를 치른 정치적으로 격변의 해였습니다. 서울은 매번 실시된 전국단위 선거에서 각 정당의 승패를 결정하는 중요한 지역이어서 경기도를 포함한 수도권에서 이기는 정당이 해당 선거에서 이길 확률이 매우 높아요.

아파트 가격과 선거결과는 관계가 있을까요? 다른 나라들도 그렇겠지만 우리나라의 수도인 서울도 지역에 따라 빈부격차가 존재하기 때문에 아파트 가격도 지역에 따라 차이가 크게 납니다. 재미있는 사실은 과거 여러 차례 실시되었던 전국단위 선거에서 아파트 가격이 '높은 지역'과 '낮은 지역' 사이에서 지지하는 정당이 다른 것으로 알려져 있었는데, 2025년 제21대 대통령 선거에서도 이 현상이 그대로 재현되었어요.

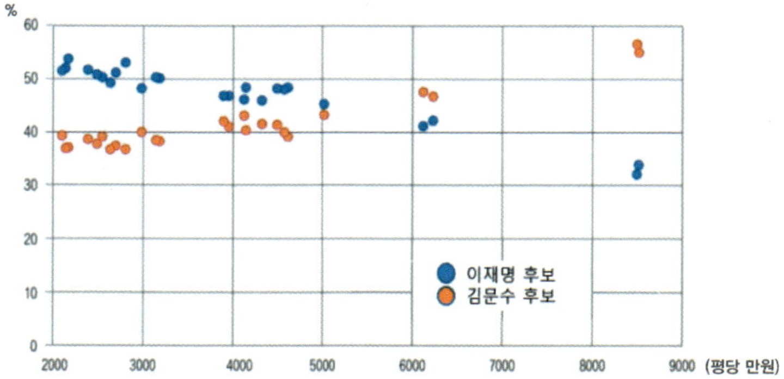

[그림 4] 서울 자치구별 아파트 가격과 대선후보 득표율 분포도

(자료 : 부동산 r114)

[그림 4]를 보면 평당(3.3m^2) 매매가격이 5천만 원을 경계로 더불어민주당 이재명 후보(그래프에서 푸른색)와 국민의 힘 김문수 후보(그래프에서 붉은색)의 지지율이 교차하는 것을 볼 수 있습니다. 평당 매매가격이 5천만 원 이하인 지역에서는 이재명 후보를 지지하고 있는데, 가격이 낮을수록 이재명 후보와 김문수 후보와의 지지율 격차가 벌어지고 있습니다. 반대로 평당 매매가격이 6천만 원이 넘는 지역에서는 김문수 후보의 지지율이 높아지며, 가격이 높을수록 지지율의 격차가 넓어졌어요.

[표 1] 대총령 선거에서 집값과 주요정당 후보 지지율 사이의 상관계수값

	더불어민주당	국민의 힘 (19대, 자유한국당)
19대	−0.751	0.725
20대	−0.971	0.966
21대	−0.962	0.948

※ 자료 : 부동산 r114, 중앙선거관리위원회

[표 1]은 이 자료를 이용하여 계산한 상관계수 값입니다. 2025년에 치렀던 21대 대통령선거에서 더불어민주당을 지지하는 지역과 지지율의 상관계수는 −0.962로서 서울에서 집값이 낮을수록 이재명 후보를 더 지지한다는 의미인데, 상관계수 값 −0.962는 거의 완벽하게 이재명 후보를 지지한다고 볼 수 있어요. 반대의 경우 상관계수는 0.948로서 서울에서 집값이 높을수록 거의 완벽하게 김문수 후보를 지지한다는 뜻입니다. 주요 정당의 지지율과 집값 사이의 상관계수 값은 2017년 민주당의 문재인 후보와 자유한국당의 홍준표 후보가 대결했던 19대 대통령선거에서도 각각 −0.751과 0.725로 나타났는데, 집값의 높고 낮음에 따라 후보들을 지지하는 경향은 세월이 흐른 20대와 21대 선거에서 더 심해졌음을 알 수 있어요.

인과관계 분석은 원인과 결과의 관계를 분석하는 것입니다. 통계학적으로 보면 독립변수(실험변수)를 원인으로 한 종속변수(반응변수)와의 인과관계를 알기 위해 **회귀분석**(regression analysis)을 이용할 수 있어요. 회귀분석을 실시해 보면 종속변수의 변화에 영향을 많이 미치는 독립변수를 알 수 있으며, 이를 통해 변수들 사이의 인과관계를 추정할 수 있습니다. 회귀분석에 대한 자세한 이야기는 '세상 이야기 13'에서 하도록 하겠습니다.

지난 2014년 4월 국민건강보험공단은 ㈜KT&G, ㈜한국필립모리스, ㈜BAT코리아 등 국내외 담배회사들을 상대로 약 533억원의 손해배상 청구 소송을 제기했었어요. 공단에서 제기했던 533억원은 30년 동안 담배를 하루 한 갑 이상을 흡연한 뒤 폐암, 후두암을 진단받은 환자 3,465명에게 공단이 지급한 급여비(진료비)에 해당합니다. 해외에서 이런 소송이 제기된 적은 있었으나 우리나라에서는 처음이었어요. 소송 6년여 만인 2020년 1심 재판부는 대상자들이 흡연에 노출된 시기와 정도, 생활 습관, 가족력 등 흡연 외의 다른 위험인자가 없다는 사실이 추가로 증명돼야 한다며 국민건강보험공단에 패소판결을 했어요.

최근 이 소송의 항소심이 진행 중인 가운데 세계 석학 여럿이 "흡연과 암 발병의 인과관계를 인정해야 한다"라는 입장을 발표했습니다. 국민건강보험공단이 주최한 '2025년 국민건강보험 글로벌 포럼 특별 세션'에서 미국 뉴욕 의과대학 닐 슐루거(Neil W. Schluger) 교수는 "흡연과 폐암 사이의 인과관계는 더 이상 논쟁의 대상이 아니다"라고 단언했어요. 그는 미국에서 담배회사를 상대로 한 소송 승소 사례를 소개하면서 "흡연이 폐암, 후두암의 주요 원인이라는 것은 의학적으로 명백하고, 흡연자는 평균 10년 이상의 수명을 잃고 있다"라고 말했습니다.

세계보건기구 WHO는 이 포럼에 제출한 의견서에서 "흡연을 지속할수록 누적 위험이 커지고, 금연을 일찍 시작할수록 폐암 발생 위험이 더 크게 감소한다"라고 말했어요. 그리고, "일반 흡연자들 사이에서 니코틴 중독은 흔히 나타나는 질환으로, 중독은 흡연자가 담배를 끊는 능력을 저해하고 특히 지원이 없는 경우 금연 성공률은 매우 낮다"라고 지적했습니다.

그러나, "흡연은 개인적 선택이었고, 흡연을 선택하신 분들은 여전히 스스로 중단할 수도 있다"라며 "금연 성공률이 낮다는 통계가 금연의 자유의지 상실을 뜻하는 것도 아니다"라는 담배회사 측 변호사들의 주장에도 귀를 기울여야 하겠습니다.

사실 폐암과 흡연의 인과관계를 규명하는 일은 매우 복잡합니다. 담배에는 니코틴 이외에도 타르, 아세트알데히드, 아세트필리딘, 라돈 및 수은 등과 같은 다양한 성분들이 포함되어 있어요. 단순하게 생각하면 이 성분들이 실험변수가 되어 폐암이라는 반응변수를 유발하게 됩니다. 그러나, 변수에 포함된 성분들 사이에 발생할 수 있는 수많은 상호작용은 물론 흡연자들의 체질이나 DNA와 같은 잠재변수들의 역할 등을 고려해 볼 때 흡연과 폐암 사이의 인과관계를 단정하기에는 어려움이 많겠지요.

흡연 이외에도 대기오염, 요리할 때 나타나는 그을음 및 바이러스 등과 같이 암의 원인이 되는 간접적 요인들이 존재하고 있는 것은 사실이고, 이로 인해 담배를 피우지 않는 사람들도 이들 암에 잘 걸리기 때문에 이 소송의 결과가 궁금해집니다.

[그림 5] 많은 분야에서 여러 변수들 사이의 인과관계를 입증하기 위해 노력하고 있어요. (출처 : 네이버)

인과관계는 원인과 결과의 관계이기 때문에 다양한 분야에서 활용되고 있습니다. [그림 5]를 보면 살아가면서 일어날 수 있는 많은 일들이 변수가 될 수 있으며, 이 변수들 사이에 존재하는 관계와 인과(因果)를 밝히는 것도 삶의 중요한 분야가 되었어요.

세상 이야기

10

• 복권 1등에 두 번 당첨된 사람이 있을까요?

- 확률분포와 확률모형의 응용에 관한 이야기

여러분들은 내년에 우리나라 프로야구에서 롯데 자이언츠(Lotte Giants, 이하 롯데)가 우승할 확률이 얼마나 된다고 생각하시나요? 우리나라 프로야구는 1982년 삼성 라이온즈와 mbc 청룡의 개막 경기를 시작으로 그 역사가 시작되었습니다. 롯데는 부산을 연고지로 원년에 창단된 6개 팀 중 하나예요. 역사와 전통을 가진 팀이라는 명성에 걸맞지 않게 롯데는 1984년과 1992년에 두 번 우승했을 뿐 올해까지 33년 동안 우승을 하지 못했습니다. 롯데는 기아 타이거즈와 LG트윈스와 함께 열렬한 팬을 가진 구단으로 유명한데, 그만큼 롯데 팬들의 우승에 대한 갈증은 심하다고 할 수 있습니다.

롯데가 우승할 확률을 롯데 팬들에게 물어보면 당연히 높게 나오겠지요. 그러나 롯데를 제외한 다른 팀들의 팬들에게 물어보면 상대적으로 낮게 나올 수 있어요. 동일한 팀에 대한 우승 확률이 개인에 따라 다른 이유는 그 확률값이 객관적 자료에 의해 계산된 것이 아니라 개인의 생각과 견해를 근거로 한 '**개인적 확률**'이기 때문입니다.

'이게 가능해?' 3위 롯데, 정규리그 3위로 33년 만에 우승 노린다!...33년 전 6월까지 3위→정규리그 3위→한국시리즈 정상

[그림 1] 2025년도 한국프로야구에서 롯데자이언츠의 우승을 전망하는 언론기사 제목

우리가 흔히 말하는 **확률**(probability)은 어떤 일이 우연히 일어날 가능성이나 개연성을 말합니다. '우연함'이라는 것의 성질은 작은 실행에서는 예측하기 어려우나 오랫동안 실행하여 얻은 정규적이고 예측 가능한 패턴을 분석함으로써 알 수 있어요. 앞뒷면이 출현할 확률을 알기 위해 동전을 수없이 반복해서 던졌던 사람들의 이야기를 이미 했었지요. 동전 던지기와 마찬가지로 주사위 놀이, 카드놀이, 룰렛 회전판 돌리기 등과 같은 게임도 많이 반복 시행하면 우연함에 대한 패턴을 쉽게 발견할 수 있습니다.

우연함과 임의화(randomization)된 결과를 얻기 위해 우리 선조들이 가장 흔하게 사용한 방법은 '뼈굴리기'였어요. 뼈굴리기에는 [그림

2]와 같은 모양의 동물 뼈를 사용했습니다.

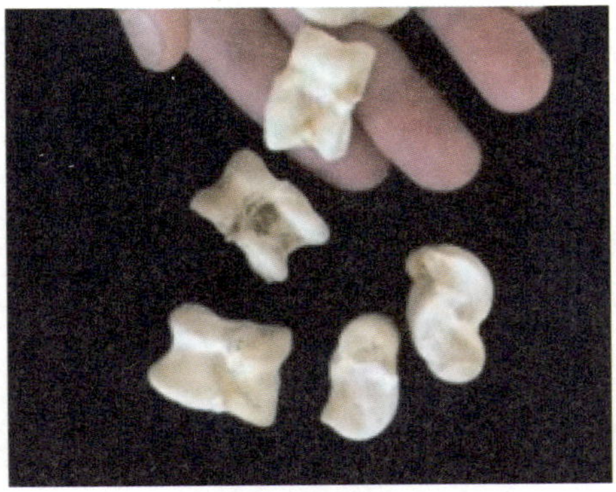

[그림 2] 염소의 손가락 관절뼈
(출처 : MuscleAndBone.inf)

염소의 손가락 관절뼈는 끝이 너무 작고 둥글어서 똑바로 세울 수는 없지만, 네 개의 면은 독특하고 다양한 모양을 하고 있어 닿는 면에 따라 나타날 확률이 달라요. 동물의 뼈와 같이 우연을 만드는 도구들은 역사가 기록될 당시부터 사용되어 오고 있었지만, 이것을 많이 던졌을 때 나타나는 규칙적인 패턴을 연구한 바는 없습니다. 그 이유는 아마도 동물의 뼈가 너무 불규칙해서 일정한 패턴을 가진 결과들을 찾아낼 수 없었기 때문이라 생각됩니다.

[그림 3] 안압지(지금의 동궁과 월지)에서 발견된 14면체 주사위인 주령구 복원본

옛날 신라시대에도 우연함과 임의성을 이용한 놀이를 했었어요. 1974년 경주 안압지의 발굴현장에서 14면으로 된 주사위인 '주령구'가 발견되었는데, 각 면에는 게임의 규칙이 적혀있었습니다. 그러나 14면 주사위도 정육면체로 된 지금의 주사위와는 달리 각 면의 모양이 달랐으므로 14개의 면이 같은 비율로 출현한다고는 생각할 수 없어요.

옛날 우리의 조상들이 사용했던 동물의 뼈와 주령구는 우연함이나 임의성을 반영한 게임을 위해 사용한 것은 확실합니다. 그러나 바닥에 닿는 각 면의 모양이 같지 않기 때문에 어떤 패턴에 대한 확률을 계산하기에는 미흡한 점이 있음을 알았습니다.

확률은 어떤 실험(또는, 시행)에 대해 일어날 수 있는 전체 결과의 수와 관심 있는 사건이 일어난 개수와의 비율을 계산하여 얻을 수 있어요. 예를 들어, 주사위를 던져 얻을 수 있는 전체 결과는 1부터 6까지 여섯 개의 숫자인데, 짝수의 출현 횟수에 관심이 있는 사건이라 하면, 짝수는 2, 4, 6의 세 개이므로 짝수가 나올 확률은 1/2입니다. 이와 같이 관심 있는 사건의 출현비율과 같이 확률은 '**상대도수의 개념**'으로 설명할 수 있는데, 앞에서 예로 들었던 '개인적 확률'과는 달리 수학적으로 의미를 가집니다.

확률은 통계학의 여러 분야에서 매우 중요한 역할을 합니다. 주사위 던지기에서 출현할 숫자들에 대해 변수 x를 지정할 수 있겠지요. 이렇게 지정된 변수 x는 확률 $p(x)$를 가질 수 있기 때문에 **확률변수**(random variable)라 부릅니다. 확률변수 x에 대해 실제로 계산할 수 있는 확률 $p(x)$들을 '**확률분포**(probability distribution)'라 해요. 우리가 늘 사용하는 **정규분포**(normal distribution)도 확률분포 가운데 하나입니다. 정규분포의 성질을 잘 알면 자료의 개수가 아무리 많고 다양해도 자료가 가지는 성질을 쉽게 알 수 있어요. 자료의 성질을 이해할 수 있는 방법들 가운데 하나인 '68–95–99.7 법칙'과 표준점수에 대해서도 이미 설명했었지요?

우리가 관심을 많이 갖는 '**지능지수**(IQ)'는 집단의 평균을 100, 표준편차를 15로 하는 웩슬러(WAIS) 검사의 결과를 많이 사용합니다.

'68-95-99.7 법칙'을 이용하여 점수 구간에 속하는 자료의 비율을 계산하면 지능지수가 85에서 115 사이에는 전체 측정대상자의 약 68%, 70점에서 130점 사이에 약 95%가 속해 있고, 55점에서 145점 사이에는 약 99.7%가 속해 있음을 알 수 있어요. 우리나라 교육부에서는 지능지수 71에서 84 사이를 '경계선 지능'이라 하고 70 이하를 '지적장애'로 정의하고 있습니다.

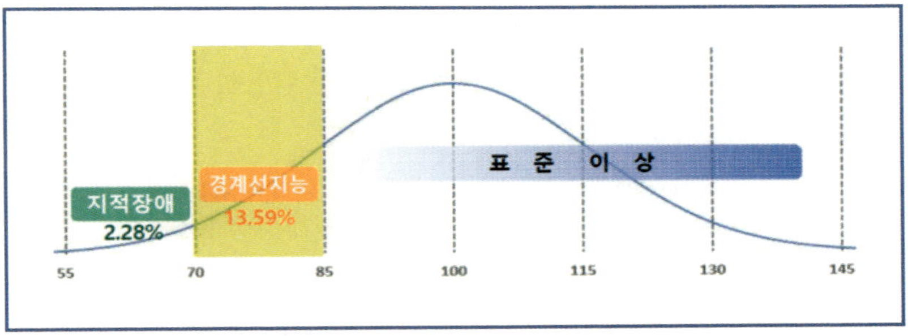

[그림 4] 지능 정규분포 곡선 내 '경계선 지능 영역' 도표
(출처 : 교육부 보도자료, 2024.07.03.)

[그림 4]는 20세에서 39세 청년 147만 명을 대상으로 '68-95-99.7 법칙'을 이용하여 지능점수 구간의 비율을 표시한 그림입니다. 최근 고용노동부는 [그림 4]에서 표시한 바와 같이 IQ가 71에서 84까지의 영역에 속한 약 13.6%의 청년들을 대상으로 2025년부터 '경계선 지능청년' 일자리 지원 사업 신설을 계획하고 있다고 발표했어요. 이 사업은 '경계선 지능' 범위에 속하는 청년 20만명 가운데 200명을 선발해 1:1 진로 상담, 기초소양교육, 구직기술 습득 등 맞춤형 프로그램을 제공하는 사업입니다. 이들은 학습이 느려 현행 청년 취업 훈련 프로그램 수행이 어렵고, 일자리를 주겠다는 말에 속아 범죄에 연루되는 일이 발생한 적이 있어 이 사업의 신

설 배경이 됐다고 해요.

확률분포는 자료의 성질에 따라 결정되는 경우가 많은데, 정규분포 이외에도 **이항분포**(binomial distribution)도 많이 사용되고 있어요. 이항분포는 시행의 결과가 '합격, 불합격', '승리, 패배' 등과 같이 결과가 2개 뿐인 경우를 여러 번 독립적으로 반복해서 실험했을 때 사용할 수 있습니다. 이 경우, '합격'과 같은 어떤 특정한 결과가 몇 번이나 나오는가에 대한 확률을 계산할 수 있어요. 예를 들어, 합격률이 40%인 어떤 시험을 10번 봐서 3번 합격할 확률을 계산할 때 이항분포를 사용할 수 있겠지요.

확률값은 0에서 1 사이의 값을 갖는데, 0에 가까울수록 어떤 사건이 일어날 개연성은 낮아집니다. 그러나, 아무리 낮은 확률의 사건도 독립적으로 시행하였을 때, 여러 번 일어날 수도 있어요. 복권의 역사가 짧은 우리나라에서는 아직 일어나지 않았으나, 복권의 역사가 오래된 미국에서는 두 번이나 1등에 당첨된 사람이 여러 명 있다고 해요. 복권을 여러 번 구입하는 일은 서로 독립된 사건이라 1등에 두 번 당첨되는 일이 희귀한 일이기는 하지만 불가능한 일은 아닙니다

1986년, Mrs.Adams는 $150만을 받는 New Jersey 주 복권에 당첨되었어요. 그녀는 뜻밖에도 이전에 $390만을 받는 복권에 당첨된 적이 있었습니다. 1986년 2월 14일 New York Times는 이번 경우처럼 한 사람이 두 번에 걸쳐 거액의 복권에 당첨될 확률은 약 1,700조 분의 1에 해당한다고 보도하였어요.

ODDS-DEFYING JERSEY WOMAN HITS LOTTERY JACKPOT 2D TIME

Los Angeles Times

WORLD & NATION

Chances Are Two-Time Winner Loves Lottery Game

[그림 5] Mrs. Adams가 2번의 복권에 당첨되었음을 알리는 Los Angeles Times 기사 제목

우리나라에서 '로또 6/45'방식의 복권이 처음 판매되기 시작한 시기는 2002년 12월 7일이에요. 23년이 지난 2025년 10월 25일 현재 1195회 발행되었는데, 1등에 당첨된 최고 금액은 19회차에 당첨금 기준으로 약 407억 원입니다. 로또복권 발행 초창기에는 6개 숫자로 된 1단위의 금액이 2,000원이었으니, 5개 단위 한 장의 복권가격이 1만 원이었어요. 400억 대박은 복권가격이 지금보다 비쌌고, 초창기의 과열된 열기에 편승된 면이 있어 앞으로는 이와 같은 대박을 기대하기는 힘들 것 같습니다.

'로또 6/45' 방식인 우리나라 로또복권의 각 등위별 당첨 확률은 다음과 같아요.

[표 1] 우리나라 로또복권의 등위별 당첨 확률

등위	1등	2등	3등	4등	5등
당첨 확률	1/8,145,060	1/1,357,510	1/35,724	1/733	1/45

[표 1]을 참고하여 우리나라에도 1등에 두 번 당첨자가 나왔을 경우 그 확률은 약 66조3,426억분의 1로 계산됩니다. 복권을 구입하

는 행위는 서로 독립된 시행이므로 미국처럼 로또복권의 역사가 길어지면 언젠가는 우리나라에서도 1등에 여러 번 당첨되는 사람이 나오지 않을까요?

개인적 확률을 포함한 모든 확률의 계산에는 지켜야 할 몇 가지 규칙이 있어요. 첫째, 모든 확률은 0에서 1사이의 값을 가집니다. 둘째, 모든 가능한 결과들에 대한 확률의 합은 1이고, 사건이 일어나지 않을 확률은 1에서 사건이 일어날 확률을 뺀 값입니다. 이러한 규칙들을 이용하면 우리는 어떤 사건에 대한 **확률모형**(probability model)을 만들 수 있어요. 확률모형은 어떤 결과들이 일어날 가능성이 있을 때, 그 결과들에 확률값을 어떻게 할당할 것인가를 정하는 것입니다. 데이터를 기반으로 하는 모든 곳에서 확률모형은 유용하게 쓰이고 있습니다.

최근 NH 농협은행은 고객들의 투자성향을 분석한 결과를 토대로 인공지능(AI)이 금융상품을 추천하는 서비스를 실시했는데, 이 서비스가 고객들에게 많은 도움을 주었다고 합니다. 은행은 가지고 있던 자료를 기반으로 고객들의 투자성향과 분리되어있는 여러 개의 데이터를 연결해 빅데이터를 만들고, 이를 토대로 고객별, 상품군별 등으로 확률모형을 만든 후 고객들의 가입확률을 예측했어요.

상품에 가입하지 않은 고객들에 대해서는 성별, 연령, 자산, 소비패턴 등이 비슷한 사람이 최근 가입한 상품군에 대해 '세렌디피티(serendipity, 의도치 않게 우연히 얻은 행운) 모형'을 적용하여 고객들에게 알맞는 상품에 가입을 권유하고 있습니다.

[그림 6] 금융기관은 금융상품 가입 데이터, 비대면 마케팅 데이터와 애플리케이션(앱) 접속 로그를 활용해 고객들에게 알맞는 상품을 추천하고 있어요.

확률모형을 이용한 **시뮬레이션**(simulation)은 실제로 행하기 어려운 과정을 컴퓨터를 이용하여 모의실험하는 것을 의미합니다. 동전을 던졌을 때 앞뒷면이 나올 확률을 알아보기 위해 동전을 수없이 많이 던졌던 사람들을 기억하지요? 시뮬레이션은 이들의 고민을 간단하고 쉽게 해결해 줄 수 있는 가장 좋은 방법입니다.

우선, 동전의 앞면에 짝수(0,2,4,6,8)를 배정하고 뒷면에 홀수(1,3,5,7,9)를 배정합니다. 소프트웨어를 이용하여 100만 개의 **난수**(random number)를 발생시킨 후 짝수와 홀수의 비율을 계산하면 동전을 100만 번 던진 것과 같은 결과를 얻을 수 있겠지요. 이렇게 하는 방법을 시뮬레이션 또는 모의실험이라 합니다.

전쟁을 수행하거나 우주선을 발사하는 일 등과 같이 자주 일어나지는 않지만 일어날 수도 있는 일에 대한 훈련에도 시뮬레이션을 이용할 수 있어요.

방사청, '탄도미사일 방어 훈련용' 첨단 시뮬레이션 기반 모델 개발 돌입

우리 군 독자 모델 개발, 탄도미사일 대응 통합 연습·훈련 능력 확보

[그림 7] 최근 언론 보도의 내용을 토대로 AI가 그린 탄도탄 작전 모의 모델 체계 운용개념도

전쟁에서 상대방의 미사일 공격에 대비하는 경우와 같이 아무리 복잡한 사건이라도 사건을 구성하는 모든 요소들에 대해 신뢰할 수 있는 확률모형을 만들 수 있다면 이 모형을 이용하여 시뮬레이션을 할 수 있습니다. 시뮬레이션은 확률모형을 바탕으로 컴퓨터에 실제의 환경과 거의 같은 상황을 연출하는 프로그램을 기억시켜 놓고 자료를 입력하여 실행시키는 것으로 실제 실험과 같은 결과를 얻어낼 수 있습니다. 시뮬레이션은 알고 싶은 현상에 대해 여러 가지 조건을 주더라도 그 결과를 쉽게 얻을 수 있어 적은 비용과 짧은 시간 안에 큰 효과를 볼 수 있어요.

최근에 우리나라 방위사업청에서는 고도화되는 적 탄도탄 위협에 선제적으로 대응하기 위한 '대 탄도탄(Counter Ballistic Missile) 작전 모의모델'의 체계개발 착수 회의를 열고 본격적인 개발에 착수했다고 발표했습니다. 특히 '대 탄도탄작전 모의모델'은 확률 기반의 모델링과 시뮬레이션 기술을 활용해 미사일 발사징후 탐지부터 요격 및 타격 절차, 피해평가에 이르기까지 전 과정을 가상 전장 환경에서 단계적으로 시뮬레이션할 수 있다고 해요. (기사 출처 : 이뉴스투데이, 2025.06.23.)

이밖에도 시뮬레이션은 조종사들의 비행훈련과 군인들의 전쟁에 대비한 작전 훈련 등에도 많이 사용되고 있으며, 게임산업에서는 대부분의 게임이 시뮬레이션에 바탕을 두고 있습니다.

의학적 연구에도 시뮬레이션을 이용할 수 있어요. 종합병원에서는 수많은 임상과 관련한 통계자료가 있습니다. 임상을 통해 얻은 자료를 분석하면 심장병과 같이 투석이나 수술이 필요한 질병의 생존확률을 알 수 있겠지요. 시뮬레이션을 통해 환자의 생존확률을 예측하는 경우도 있습니다. 다음 예는 「개념과 논쟁으로 배우는 통계학(심규박, 교우사)」에서 옮겨왔어요.

환자는 신장이 좋지 않아 신장이식 수술을 기다리고 있습니다. 주치의는 그의 현재 상태를 감안하여 다음과 같이 조언을 했어요.

> 수술이 성공하여 생존할 확률은 90%이고 사망할 확률은 10%이다. 생존했을 때 60%는 이식을 계속해야 하고 나머지 40%는 신장 투석을 다시 받아야한다. 새로운 신장을 가지고 5년간 생존할 비율은 70%이며, 다시 투석을 하는 사람이 5년간 생존할 확률은 50%이다.

환자는 자기가 앞으로 5년간 살아있을 확률이 얼마나 되는지 알고 싶어 주치의가 알려준 단계별 확률모형을 이용하여 시뮬레이션을 해 보기로 했습니다. 주치의가 알려준 확률을 토대로 나무 그림을 그려보았어요.

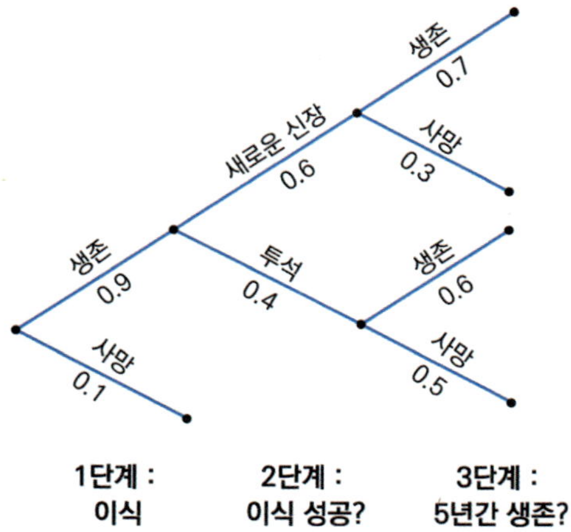

[그림 8] 단계별 생존 사망확률에 대한 나무그림(tree diagram)

1 단계. 세 가지 단계에 걸쳐 각 단계별로 나타날 가능성과 확률을 나무를 이용하여 볼 수 있는데, 나무는 5년간 생존뿐 아니라 5년 이내에 사망할 경우까지 모든 경로를 나타내고 있어요. 2.3 단계에서의 확률은 2.2단계의 결과에 달려있습니다.

2 단계. 결과에 대해 숫자를 할당하여 봅시다.

2.1 단계 :

0=사망

1, 2, 3, 4, 5, 6, 7, 8, 9=생존

2.2 단계:

0, 1, 2, 3, 4, 5=계속 이식

6, 7, 8, 9=투석으로 돌아감

2.3 단계 : 새로운 신장

0, 1, 2, 3, 4, 5, 6=5년 간 생존

7, 8, 9=생존에 실패

2.4 단계 : 투석

0, 1, 2, 3, 4=5년 간 생존

5, 6, 7, 8, 9=생존에 실패

2.3 단계에서 숫자들에 할당하는 것은 2.2 단계의 결과에 달려있어요. 이것은 2.2 단계와 2.3단계가 서로 독립이 아니기 때문입니다.

난수를 발생시켜 난수에 단계별 상황을 대응시켜 반복 실행하면 5년 후 생존 확률을 추정할 수 있어요.

임의로 발생한 난수가 '384484878918'이라면 4번의 시뮬레이션으로 4번의 반복실험을 할 수 있는데 결과는 다음과 같습니다.

[표 2] 신장병 환자의 5년간 생존확률을 알기 위한 시뮬레이션 결과

	반복 1	반복 2	반복 3	반복 4
단계 1	3 생존	4 생존	8 생존	9 생존
단계 2	8 투석	8 투석	7 투석	1 이식
단계 3	4 생존	4 생존	8 사망	8 사망

4번의 시뮬레이션 결과 단계 3에서 환자는 4번의 반복 가운데 2번 생존했으므로 5년간 생존확률은 50%임을 알 수 있어요. 모의실험 횟수를 늘리면 더 자세한 생존확률을 알 수 있는데, 1,000번 반복한 결과 주치의가 설명한 이 환자의 상태로 볼 때 이 환자가 5년 동안 살아있을 확률은 0.558이었습니다.

이처럼 확률은 우리의 삶에 직접 관련이 있는 통계의 기본이 되는 수입니다. 많은 통계값들이 확률을 기반으로 해 산출되고 있어요. 우리 주위에서 어떤 사건에 대한 어떤 확률이 존재하는지 살펴볼 필요가 있겠지요?

네 번째 주제

궁금한 것 물어보기

세상 이야기

11

• 타이타닉호의 선실 등급과 생존자 수는 관계가 있을까요?
  - 교차분석에 관한 이야기

선거에서 성별이나 나이에 따라 지지하는 후보가 다른 경우를 본 적이 있나요? 국회의원선거나 대통령선거와 같은 전국규모의 선거는 성별이나 나이에 따른 이해관계가 명확해, 각 정당이나 후보들이 이슈에 대응하는 방법에 따라 지지층이 나뉠 때가 많아요.

[그림 1]은 2025년에 치러진 제21대 대통령선거의 방송 3사 출구조사 결과입니다. 이 조사결과를 보면 개혁신당 이준석 후보는 20대 남성에게서 37.2%의 지지를 받아 세 명의 후보 가운데서 1등을 차지했어요. 그러나, 20대 여성에게는 불과 10.3%의 지지를 받았을 뿐입니다. 반면, 이재명 후보는 20대 남성에게는 24.0%의 지지를 받았으나, 20대 여성에게서는 58.1%라는 압도적 지지를 받았어요. 같은 20대 연령층에서 성별에 따라 지지하는 후보가 확연히 달라지는 것은 매우 드문 현상입니다. 다른 연령층을 보면 40대와 50

대에서는 성별에 무관하게 이재명 후보를 지지했으며, 60대와 70대에서는 김문수 후보를 지지하는 경향이 강했습니다. 각 정당이나 정치학을 연구하는 학자들은 이러한 현상의 원인을 잘 연구하고 숙고하여 앞으로 있을 선거에 대비해야겠지요.

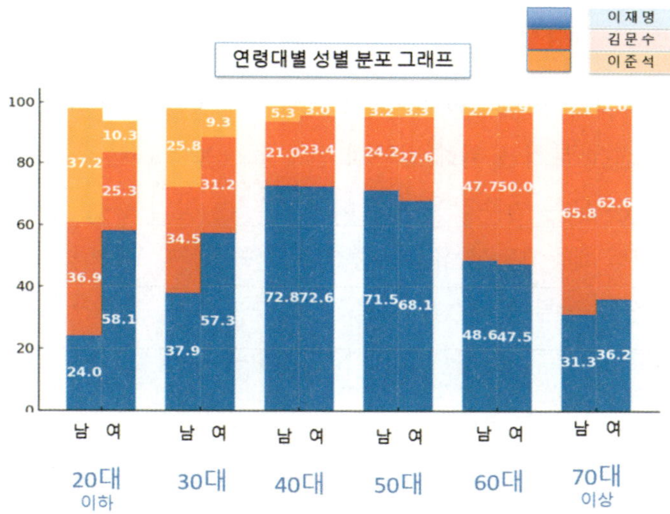

[그림 1] **2025년 대선 성별·연령별 방송 3사(KBS, MBC, SBS) 출구조사 결과(신뢰수준 95%, 표본오차 ±0.8%p)**

'성별'과 '연령층'은 여러 개의 범주값을 가진 정성적 변수입니다. [그림 1]에서 보는 바와 같이 성별에는 '남자'와 '여자'가 있고, 연령층은 20대부터 70대까지 나눌 수 있어요. 범주값은 연구목적에 따라 설정할 수 있는데, 연령층을 [그림 1]과 같이 나이가 아니라 '청년', '중년', '장년' 및 '노년' 등의 범주로 나눌 수도 있습니다. 이럴 때 '청년' 등과 같은 범주값의 범위는 연구자가 사회의 통념과 연구목적에 맞게 설정할 수 있습니다. 범주를 가진 정성적 변수를 범주형 변수라고도 해요. 범주형 변수의 예를 들면 [표 1]과 같습니다.

[표 1] 범주형 변수와 범주값의 예

변수명	범주값
사회경제적 계층	상류층, 중산층, 하위층
학력	고등학교 졸업 이하, 대학교 졸업, 석사 학위 이상
휴대폰 통신사	SK 텔레콤, KT 한국통신, LG 텔레콤, 알뜰폰
의사결정	찬성, 반대

몇 가지 범주형 변수의 예를 [표 1]에 나타내었어요. 한 가지 유의해야 할 점은 분석을 위해 범주형 변수를 사용할 때는 그 변수가 가질 수 있는 모든 범주값을 포함해야 한다는 것입니다. 예를 들어, 사회경제적 계층에는 '상류층', '중산층', '하위층'이 포함될 수 있는데, 중산층을 '중상류층'과 '중하위층'으로 나눌 수는 있지만, 상류층을 제외하고 '중산층'과 '하위층'만으로 변수를 구성할 수는 없어요.

두 개의 정량적 변수들 사이의 관계는 상관관계로 설명할 수 있고, 그 관계의 방향과 정도는 '상관계수'를 이용하여 나타낼 수 있다고 이미 말했었지요? 지금처럼 변수가 범주형일 경우에는 상관계수를 사용할 수 없습니다. 범주와 범주 사이의 관계는 연관관계로서 '**교차표**(contingency table)'를 이용할 수 있어요. 교차표를 이용한 분석을 '**교차분석**(cross tabulation analysis)'이라 하는데, 통계학에서는 '**독립성 검정**' 또는 '**카이제곱 검정**'이라고도 해요. 독립성 검정이라고 하는 이유는 두 개의 범주 사이의 연관관계가 서로의 변화에 영향을 받는가의 여부를 검정하는 것이기 때문입니다.

하나의 범주값이 다른 범주값에 영향을 미친다면 '연관관계'가 있다고 할 수 있습니다. [그림 2]는 성·연령별 1인가구 구성비에 관한 연관관계를 나타낸 그래프예요. 그래프를 보면 50대 중반을 기점으로 20대에서 50대까지는 남자의 1인가구 비율이 높고, 60대 이후에는 여자의 1인가구 비율이 높음을 알 수 있습니다. 이와 같은 경우에는 "연령과 성별이 밀접한 연관관계를 맺고 있다"고 할 수 있으며, 두 범주는 서로 독립이 아니라고 할 수 있어요. 이와 같은 관계를 통계적으로 입증하는 것이 바로 교차분석 또는 독립성 검정입니다. 또 이렇게 판단하는 기준이 되는 통계값이 χ^2 (카이제곱)분포를 따르기 때문에 카이제곱 검정이라고도 해요.

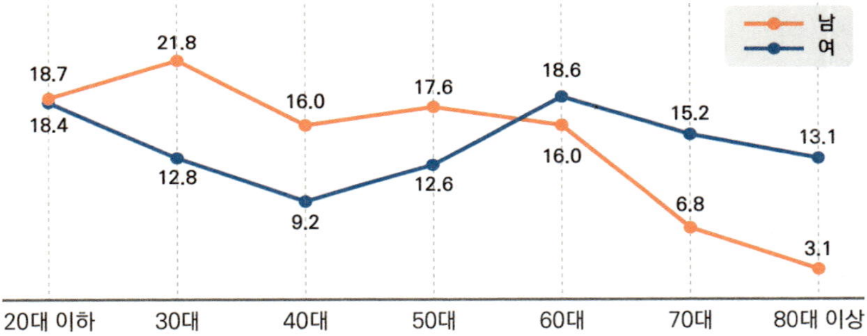

[그림 2] 성·연령별 1인 가구 구성비 – 60세 이상이 36.4%

(자료출처 : 국가데이터처)

교차표는 자료를 두 가지 기준에 따라 분류하여 작성한 표예요. [표 2]는 2019년 한국스포츠학회지에 발표된 논문 '지역별 스포츠 관여도와 지역 정체성 그리고 프로야구 관계분석'에서 인용한 표입니다. 우리나라 프로야구는 10개 구단이 지역별로 연고지를 가지고 운영되고 있어요. 서울은 3개 구단(LG 트윈스, 두산 베어스 및 키움 히어로즈)의 공동 연고지여서 실제로는 8개 도시에서 10개 구단이 활동하고 있는 구조입니다. 872명을 대상으로 '연고지'와 '구단'이라는 두 개 범주들 사이의 선호도를 조사한 결과를 바탕으로 작성한 교차표가 [표 2]입니다.

[표 2]를 보면 각 '연고지'와 '프로야구단의 선호'와의 연관관계를 쉽게 알 수 있어요. 서울과 수원은 각각 해당 지역의 연고 구단을 선호하나 다른 지역에 비해 선호도가 상대적으로 높지 않다는 것이 흥미롭습니다. 이 교차표에서 나타난 결과만 보면 다소의 차이가 있지만 당연히 '연고지'와 '프로야구 구단' 사이에는 연관관계가 존재함을 쉽게 알 수 있겠지요. 그러나, 이 연구 결과는 표본의 수가 적고 분류된 범주의 수가 많아 표의 결과를 이용하여 '연고지'와 '프로야구단의 선호'라는 주제로 교차분석을 하기에는 다소 아쉬움이 있어요.

우리는 범주값과 범주값이 만나는 지점을 cell이라 부릅니다. 예를 들어, '서울'과 '두산'이 만나는 cell에는 22명이 응답하였어요. '부산'과 각 구단이 만나는 cell을 보면 '롯데'를 제외한 나머지 구단들의 선호가 아주 낮거나 SK처럼 한 명도 없는 곳도 있어요.

[표 2] 프로야구 연고 지역별 선호구단에 대한 교차표

연고지	표본수	SK	두산	한화	키움	기아	삼성	롯데	LG	KT	NC	없음(%)	지역구단(%)
서울	122	6	22	8	4	5	2	6	9	0	1	59(48.4)	28.7
부산	86	0	1	1	0	0	3	59	1	0	1	20(23.3)	68.6
대구	86	3	1	2	0	3	41	1	0	0	0	35(40.7)	47.7
인천	120	44	13	9	2	3	1	2	5	2	0	39(32.5)	36.7
광주	140	4	4	3	3	84	6	2	2	1	0	31(22.1)	60.0
대전	131	1	5	83	1	5	1	3	1	1	1	29(22.1)	63.4
수원	93	4	8	7	2	6	3	5	2	16	0	40(43.0)	17.2
창원	94	0	1	1	2	0	3	5	1	1	56	24(25.5)	59.6
전체	872	62	55	114	14	106	60	83	21	21	59	277(31.8)	

출처 : 김세웅·임기태, 지역별 스포츠 관여도와 지역 정체성 그리고 프로야구 관계분석, 2019

이와 같이, 포함된 자료의 수가 5개 미만인 cell이 전체 cell의 약 30% 이상이면 교차분석 결과에 의미를 부여하기 어렵습니다. 이것은 커피를 만들 때 커피 원액에 물을 너무 많이 부으면 해당 원두의 맛을 제대로 알 수 없는 경우와 같다고 설명할 수 있어요. 이 경우에는 "연고지에 사는 사람들은 해당 연고지에 소속된 프로야구 구단을 좋아하는구나" 정도로 해석할 수 있지만 통계적 의미를 부여하기에는 아쉬움이 있습니다.

여객선 타이타닉호(Royal Mail Steamer Titanic)는 1912년 4월 10일 승객들을 태우고 영국의 사우스햄튼(Southampton)항을 출항해 4월 17일 아침 미국의 뉴욕에 도착할 예정이었어요. 그러나 항해 도중 4월 14일 밤 11시 40분 북대서양에 위치한 캐나다 뉴펀들랜드(Newfoundland) 섬 부근에서 빙산과 충돌해 침몰했습니다.

TITANIC SINKS FOUR HOURS AFTER HITTING ICEBERG; 866 RESCUED BY CARPATHIA, PROBABLY 1250 PERISH; ISMAY SAFE, MRS. ASTOR MAYBE, NOTED NAMES MISSING

The Lost Titanic Being Towed Out of Belfast Harbor.

[그림 3] 타이타닉호 침몰 소식을 보도한 1912년 4월 16일 'The New York Times' 기사의 일부

[그림 3]은 타이타닉호의 침몰 소식을 보도한 'The New York Times' 기사의 일부입니다. 1998년에 개봉된 제임스 카메론(James Cameron) 감독의 영화 '타이타닉(Titanic)'은 사실적인 침몰장면과 함께 주인공들의 사랑 이야기로 전 세계 사람들에게 충격과 감동을 주었어요.

[표 3]은 당시 타이타닉호에 탑승했던 승객들의 선실별 등급과 생존 여부를 나타낸 교차표입니다. 영국 상무성의 발표에 의하면 전체 탑승자는 2,224명이었으나 승무원을 뺀 승객 1,309명을 분석 대상으로 했습니다.

[표 3] 타이타닉호 승객등급과 생존여부에 대한 교차분류표 (단위 : 명)

		승객등급			전체
		1등실	2등실	3등실	
생존여부	사망	123	158	528	809
	생존	200	119	181	500
전체		323	277	709	1,309

표를 보면 사망자 가운데 3등실 승객이 가장 많았으며, 생존자 가운데는 1등실 승객이 가장 많았음을 알 수 있어요. '승객등급'과 '생존여부'에 대해 각 cell에 있는 승객의 수만으로는 많고 적음만을 알 수 있을 뿐 상대적으로 얼마나 많고 적은지는 잘 알 수가 없습니다. 이와 같은 경우 각 cell에는 인원수도 중요하지만 인원수에 대한 백분율을 표시하거나 그래프를 그려보는 것이 자료의 특성을 이해하는 데 도움이 됩니다.

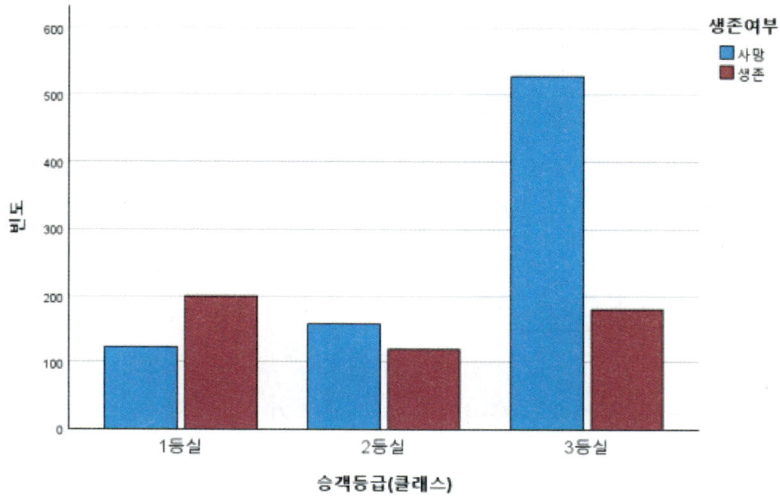

[그림 4] 승객등급과 생존 여부에 대한 수평배열 막대그래프

[표 4] 생존여부에 대한 비율을 표시한 타이타닉호 승객등급과 생존여부의 교차표

		승객등급			전체
		1등실	2등실	3등실	
생존여부	사망 사망 중%	123 15.2%	158 19.5%	528 65.3%	809 100.0%
	생존 생존 중%	200 40.0%	119 23.8%	181 36.2%	500 100.0%
전체 전체 중%		323 24.7%	277 21.2%	709 54.7%	1,309 100.0%

[표 4]를 보면 사망자 수의 65.3%가 3등실 승객이고 15.2%가 1등실 승객이었어요. 생존자 기준으로 보면 1등실 승객의 40.0%가 생존했으며, 2등실 승객은 23.8%로서 3등실 승객들보다 생존율이 낮음을 알 수 있습니다.

[표 5] 통계분석 소프트웨어 spss29를 이용하여 분석한 '타이타닉호의 승객들의 선실별 등급과 생존 여부'에 대한 교차분석 결과

	값	자유도	근사유의확률 (양측검정)
Pearson 카이제곱	127.859	2	<.001
우도비	127.765	2	<.001
선형대 선형결합	127.709	1	<.001
유효 케이스 수	1,309		

승객등급과 생존여부 사이의 연관 관계 존재 여부는 교차분석을 통해 알 수 있어요. [표 5]의 분석 결과를 해석해 보면 다음과 같습니다.

귀무가설 : 타이타닉호의 승객들의 선실별 등급과 생존여부 사이에는 연관 관계가 존재하지 않는다

이 가설에 대한 카이제곱 검정 통계량은 127.859이고 유의확률이 0.001보다 작은 값이므로 **유의수준** 5% 하에서 위의 가설을 기각하게 됩니다. 따라서, **타이타닉호의 승객들의 선실별 등급과 생존여부 사이에는 연관 관계가 존재한다**고 결론을 내릴 수 있어요. [표 4]에서 우리는 사망자의 다수는 3등실 승객이었으며, 생존자의 다수는 1등실 승객이었음을 알았지요? 이 두 범주 사이에 존재하는 범주값들 사이의 더 많은 연관 관계들은 [표 4]를 보고 해석할 수 있습니다.

가설검정과 유의확률, 유의수준에 관한 이야기는 교양으로 이해하는 통계학의 영역을 약간 벗어난 정도의 수준이라 할 수 있어요. 유의확률은 **p-값**(value)이라고도 합니다. 쉽게 말하면 p-값은 가설검정을 실시할 때 가설의 종류에 따라 표본으로부터 계산한 검정통

계량 값보다 더 크거나 작은 영역의 값입니다. 이 값이 연구자가 설정한 유의수준(대부분 0.05)보다 작으면 **귀무가설**(null hypothesis)을 기각하는 결정을 내리게 됩니다.

귀무가설은 영가설이라고도 합니다. 이 가설은 가설검정에서 연구자가 입증하고자 하는 것과 반대의 논리를 말하는데, 연구자들이 기각되기를 원하는 가설이에요. 귀무가설의 반대는 **대립가설**(alternative hypothesis, 연구가설)이라 하는데, 이 가설은 연구자들이 채택되기를 바라며 세우는 가설입니다. 대부분의 연구자들은 과거의 주장이나 결과들과는 다른 결과를 얻었을 때 이를 대립가설로 하여 입증하고자 합니다.

이런 방법으로 교차분석을 실시하게 되면 [그림 1]에서 보았던 "연령과 성별에 따라 지지 후보가 다르다"는 주장과, [그림 2]에서 보았던 "연령과 성별에 따라 1인가구 구성비가 다르다"라는 주장도 교차분석을 사용하여 통계적으로 입증할 수 있겠지요.

교차분석에서는 잠재변수들의 효과로 인해 두 범주형 변수들 사이의 관계가 바뀌거나 거꾸로 될 때도 있어 주의해야 해요. 아래와 같은 사례는 흔히 발생할 것 같지 않지만 실제 현장에서는 자주 일어나는 현상입니다.

사고 희생자들은 가끔 사고현장에서 병원까지 헬리콥터를 이용할 때도 있어요. 헬리콥터는 시간을 절약하는 데 도움을 주는 것은 사실인데,

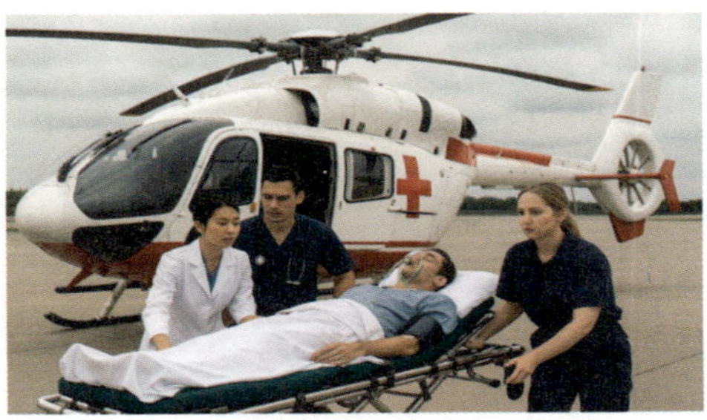

[그림 5] 의료용 헬리콥터로 환자를 이송하는 것이 환자의 생존율을 높이는 데 도움이 될까요?

생명을 살리는 데도 도움이 되는가에 대한 의문이 있습니다. 병원으로 이송된 환자들 가운데 헬리콥터를 이용하여 이송된 환자와 도로를 이용하여 응급자동차로 이송된 환자의 생존비율을 비교해 볼까요?

아래 표는 「개념과 논쟁으로 배우는 통계학(심규박, 교우사)」에 수록된 사례입니다.

[표 6] 헬리콥터로 이송한 경우와 도로로 이송한 경우의 사고 희생자들의 상태

(단위 : 명)

	헬리콥터 이송	도로 이송	합계
희생자 사망	64	260	324
희생자 생존	136	840	976
합계	200	1,100	1,300

[표 6]의 결과로 보면 헬리콥터로 이송한 환자의 32%(200명 가운데 64명)가 사망한 반면, 도로로 이송한 환자의 24%(1,100명 가운데 260명)만이 사망하였습니다. 그렇다고 도로 이송이 더 안전할까요?

[표 7] 환자의 상태를 고려하여 작성한 교차분류표 (단위 : 명)

	심각한 사고		심각도가 낮은 사고	
이송 방법	헬리콥터	도로	헬리콥터	도로
희생자 사망	48	60	16	200
희생자 생존	52	40	84	800
합계	100	100	100	1,000

[표 7]은 환자의 상태를 고려하여 작성한 교차분류표입니다. 헬리콥터로 이송하는 환자의 상태는 도로로 이송하는 환자의 상태보다 훨씬 더 심각한 경우가 많기 때문에, 이송 여부에 관계없이 사망할 확률이 더 높아요.

[표 6]을 보면 헬리콥터로 이송한 희생자 200명 가운데 64명이 사망했어요. [표 7]을 보면 심각한 부상을 입은 희생자들 가운데 헬리콥터 이송자들의 52%(100명 가운데 52명)가 생존한 반면 도로를 통해 이송한 환자들은 40%(100명 가운데 40)만 생존했습니다. 심각도가 낮은 사고를 봐도 생존율은 헬리콥터 이송이 84%로 도로 이송 희생자의 80%보다 높았음을 알 수 있어요.

사고의 정도에 따라 나뉜 두 그룹에서 모두 헬리콥터 이송의 생존율이 더 높은데, 어떻게 [표 6]에서는 도로 이송의 결과가 더 좋을까요? [표 7]을 보면 헬리콥터 이송환자들의 절반은 상태가 심각한 환자들인 반면, 도로로 이송한 환자들의 경우 1,100명 가운데 100명만 심각한 환자들입니다. 이로 인해 헬리콥터 이송환자들의 사망률이 더 높아 보였습니다. 처음 자료인 [표 6]에서는 '희생자들의 심각성'이라는 잠재변수를 고려하지 않은 오류가 발생한 것이에요. 이러한 오류를 **심프슨의 역설**(Simpson's Paradox)이라 합니다.

미국은 인종차별에 대한 문제가 자주 발생하는 나라입니다. 2016년 미국의 마이애미(Miami)시 당국은 Bank of America와 Well Fargo은행에 대해 소송을 제기했습니다. 이들 은행이 흑인에게는 담보대출의 신청을 17.5% 기각했는데, 동일한 조건의 백인들에게는 3.3%만 기각했다고 했어요.

은행 측은 기각비율이 서로 다른 이유를 잠재변수의 작용에 있다고 해명했습니다. 흑인들은 백인에 비해 평균적으로 임금이 낮고, 신용등급이 낮으며 직장의 안정성이 낮다고 주장했어요. 인종과는 관계없이 이러한 문제들이 대출 승인 여부를 결정하는 중요한 변수가 된다고 했습니다. 이 변수들이 잠재변수가 되어 인종문제와 복합되어 나타난 것이고, 은행은 흑인 신청자들에 대해 기각결정을 더 많이 내릴 수밖에 없었다고 주장했어요. 이러한 문제도 일종의 심프슨의 역설로 설명할 수 있는데, 눈에 보이지 않는 잠재변수로 인해 인종과 대출 승인 여부를 범주로 한 일반적인 교차분석을 적용할 수 없습니다. 만약, 같은 수입과 같은 신용을 가지고 있는 상황에서 은행측이 흑인에 대해 더 많은 기각결정을 내렸다면 흑인들이 인종차별의 피해를 당했다는 주장이 옳겠지요.

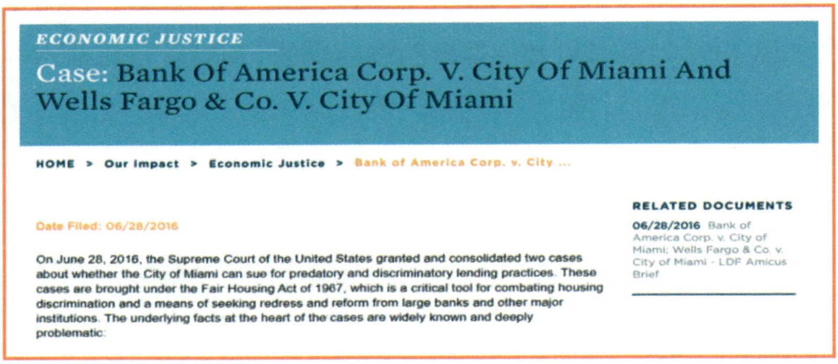
ECONOMIC JUSTICE

Case: Bank Of America Corp. V. City Of Miami And Wells Fargo & Co. V. City Of Miami

HOME > Our Impact > Economic Justice > Bank of America Corp. v. City ...

Date Filed: 06/28/2016

On June 28, 2016, the Supreme Court of the United States granted and consolidated two cases about whether the City of Miami can sue for predatory and discriminatory lending practices. These cases are brought under the Fair Housing Act of 1967, which is a critical tool for combating housing discrimination and a means of seeking redress and reform from large banks and other major institutions. The underlying facts at the heart of the cases are widely known and deeply problematic.

RELATED DOCUMENTS

06/28/2016 Bank of America Corp. v. City of Miami; Wells Fargo & Co. v. City of Miami - LDF Amicus Brief

[그림 6] 미국의 마이애미(Miami)시 당국이 Bank of America와 Well Fargo은행에 대해 소송을 제기했다고 밝힌 공보자료.

의사 선생님들은 환자들로부터 각종 검사를 통해 많은 자료를 얻을 수 있으나, 환자에 대한 처방은 의사 선생님들에 따라 다를 수 있어요. 환자에 대한 자료를 정확하게 이해하고 환자가 앓고 있는 병에 알맞은 처방을 내리는 의사 선생님을 사람들은 명의(名醫)라 부릅니다. 통계분석도 이와 같아요. 교차분석을 실시하려고 할 때 심프슨의 역설과 같은 상황을 초래할 수 있는 자료의 구조를 알아보는 지혜가 필요하겠지요. 올바른 방법으로 자료를 얻고, 합당한 분석방법을 사용하여야만 연구자가 원하는 정확한 정보를 얻을 수 있습니다.

세상 이야기

12

- 다이어트 프로그램에 참가하기 전과 후 나의 몸무게를 비교할 수 있을까요?
  - 집단들 사이의 평균을 비교하기

통계적 추론은 모집단에 대한 결론을 얻기 위해 표본에서 얻은 자료를 이용해요. 검정(test)은 표본의 자료가 가설이 주장하는 것에 상반되는 좋은 증거를 가지고 있는가를 계량화하는 절차입니다.

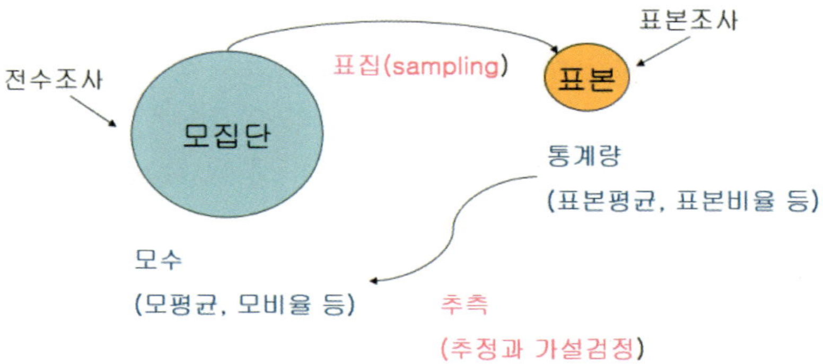

[그림 1] 표본을 이용하여 모집단 모수를 추론하는 절차

[그림 1]은 표본을 이용하여 모집단 모수를 추론하는 절차를 설명하는 그림입니다. 우리는 모집단에서 적절한 절차를 거쳐 표본을 추출할 수 있어요. 우리가 알고 싶어하는 것은 모집단 모수입니다. 표본으로부터 계산한 통계량을 이용하여 **추정**(estimate)과 **가설검정**(hypothesis testing)을 통해 모집단 모수를 추측할 수 있어요. 모수를 하나의 점이나 구간으로 알고 싶을 때는 추정을 할 수 있고, 모수에 가설을 설정한 후 이 가설이 옳은가의 여부를 통계량을 이용하여 확률적으로 판단하는 절차를 가설검정이라 합니다.

1. 유의성 검정

어느 농구선수가 자신의 자유투 성공률이 80% 정도는 된다고 주장하고 있습니다. 어느 날 친구들 앞에서 던진 20개의 슛 가운데 8개만 성공했어요. "만약 80%의 성공률이라면 20개 가운데 8개만 들어갔을 리가 없다"라고 친구들 가운데 누군가가 놀렸습니다. 유의성 검정을 실시하기 위해서는 "주장이 사실과 매우 다르다는 말은 그 주장이 사실이 아니라는 좋은 증거이다"라는 말의 의미를 이해해야 합니다.

커피 동호회에서는 인스턴트 커피보다는 카페인이 적게 들은 원두커피를 더 좋아한다고 주장합니다. 그런데 인스턴트 커피를 만드는 회사에서는 커피 애호가들의 절반 정도만이 원두커피를 좋아한다고 주장하고 있다고 가정합시다. 50명을 대상으로 아무 것도 표시하지 않은 커피 컵에 두 제품을 각각 담아서 맛을 보게 한 후 선택한 내용을 기록하니 72%인 36명이 인스턴트 커피를 선호한다고 답했다고 하면, 어느 쪽 주장이 옳을까요?

원두커피 시대에도 존재감을 과시하는 '인스턴트 커피'

[그림 2] 2023년 현재 스틱형 인스턴트 커피의 점유율은 64.3%로 원두 커피의 점유율 30%를 앞서고 있다고 합니다. (출처 : 다나와리서치)

유의성 검정은 두 가지 주장 가운데 어느 주장이 옳은가를 판단하기 위해 사용됩니다. 통계적 검정에서 기존의 학설이나 주장을 귀무가설(null hypothesis, H_0)이라 해요. 유의성 검정은 귀무가설에 상반되는 증거의 강도를 확률적으로 계산하여 확인하는 절차에 따라 설계합니다.

가설검정에서 표본으로부터 계산한 검정통계량(test statistics)의 위치를 고려하여 유의값(p-value)을 결정하는데, 미리 설정해 둔 유의수준(significant level, α)과 비교하여 귀무가설의 기각이나 채택 여부를 판단합니다. 만약 유의값이 유의수준 α보다 큰 값이면 유의수준 α를 고려하여 귀무가설 H_0를 채택해요. 반대로, 만약 유의값이 유의수준 α보다 작은 값이면 유의수준 α를 고려하여 귀무가설 H_0를 기각하게 됩니다.

사람들은 나와 남을 비교하기를 좋아하고, 때로는 내가 속한 그룹과 남이 속한 그룹의 평균을 비교하고 싶어합니다. 두 개의 독립된 집단들 사이의 평균비교를 위해 '독립표본 t-검정'을 이용할 수 있습니다. 마트의 주인은 광고하기 전과 광고하고 난 후의 매출액 차이에 관심이 있으며, 다이어트 프로그램에 참가하고 있는 사람은 프로그램 참가 전과 후의 몸무게에 관심이 있고, 학생들은 과외 수업을 받기 전과 후의 성적에 관심이 있어요.

이와 같이 동일한 사람이 어떤 일을 하기 전과 후의 결과를 비교하고 싶을 때는 '대응 표본 t-검정'을 사용합니다. 때로는 비교하고 싶은 그룹이 여러 개일 수도 있습니다. 예를 들어, 소득 상위층과 중산층 그리고 소득 하위층 사이의 하루 평균 TV 시청 시간이 같은가에 대해 알고 싶을 때도 있겠지요. 3개 이상의 집단에서 평균을 비교할 때 사용하는 방법이 분산분석(Analysis of Variation)입니다. 이처럼 상황은 다르나 평균을 비교함으로써 얻을 수 있는 정보에 관심을 가져볼까요?

2. 독립표본 t-검정

최근 비즈니스 정보 아카이브회사인 리더스인덱스가 국내 500대 기업의 남녀 직원 평균 연봉 및 근속연수 현황을 조사한 결과, 2024년 기준 여성 평균 연봉은 7,405만원이었어요. 이는 남성 1억561만원의 70.1% 수준입니다. 이 조사를 근거로 했을 때, 남성과 여성의 임금 격차가 있다고 할 수 있을까요? 남성과 여성이라는 독립적인 두 집단의 평균차이를 검정하기 위해서는 몇 가지 고려해야 할 점들이 있습니다. 우선 두 집단을 조사할 때 사용했던 표본의 수를 알아야 하고, 남성과 여성이라는 두 표본에 포함된 개체들의 표준편차를 고려해야 해요.

[그림 3] 대기업에 근무 중인 남성과 여성의 임금격차가 과거에 비해 줄었지만 여전히 큽니다.

두 집단 사이 표준편차의 격차가 크다는 말의 의미를 알아볼까요? 과거에는 남성은 고위직 진출자가 많으므로 직위에 따른 임금 격차가 크고, 여성의 경우는 직위의 차이가 크지 않아 상대적으로 임금 차이가 나지 않는 사례는 흔한 일이었습니다. 이 경우에는 남성 집단의 표준편차는 크고 여성 집단은 작아 두 집단 사이에 표준편차 크기는 같지 않았겠지요. 이와 같은 경우 표준편차의 크기가 같다고 가정하고 평균비교를 하면 잘못된 결과를 얻을 수 있어요. 따라서, 독립된 두 집단의 평균을 비교할 때는 두 집단 사이의 표준편차가 같은가의 여부를 먼저 검정해야 하며, 검정 결과에 따라 평균을 비교해야 합니다.

경제협력개발기구(OECD)에서 주관하는 국제 학업성취도 평가(Program for International Student Assessment; PISA)는 1998년부터 시작되어 3년 주기로, 참여국의 만 15세 학생들을 대상으로 읽기·수학·과학 소양을 평가하여 국제적으로 비교 가능한 학업성취 지표를 산출하고 있습니다. 그 지표를 기반으로 각국의 교육 정책 수립 및 결정에 도움이 되는 정보를 산출하는 데 주요한 목적을 두고 있는 학업성취도 국제비교 연구예요.

한국교육과정 평가원에서 발표한 PISA 2022 결과 보고서에 의하면 각각 1,000점 만점인 읽기 영역에서 한국 남학생들의 평균 점수는 499점, 여학생들의 평균 점수는 533점이어서 여학생이 남학생보다 34점이 높았어요, 이 평가의 읽기 영역에서 남녀 전체 평균 점수는 515점으로 OECD 국가 가운데 6위였습니다. 수학 영역에서는 남학생 평균이 530점, 여학생 평균이 525점으로 남학생이 여학생에 비해 더 높았는데, 이 보고서를 작성한 연구책임자의 분석에 의하면 읽기 영역에서 남녀 격차는 통계적으로 의미가 있었고, 수학 영역에서의 남녀 격차는 통계적으로 의미가 없었다고 했습니다.

독립된 집단 사이의 평균 차이가 있는가의 여부에 대한 검정은 "두 집단 사이에는 평균의 차이가 없다"라는 가설을 귀무가설로 설정합니다. 대립가설(연구가설)에는 "두 집단 사이에 평균의 차이는 존재한다"라거나 어느 한 쪽의 평균이 더 크다는 의미로 가설을 세우면 되겠지요. 이렇게 세운 가설에 대해 두 집단의 표본평균 차이, 표본의 크기 및 표준편차를 이용하여 계산한 검정통계량(test statistics)을 이용하여 어느 가설이 옳은가를 결정하면 됩니다.

귀무가설이 채택되면 두 집단의 평균 차이는 없는 것이라 판단하고, 대립가설이 채택되면 두 집단 사이의 평균은 차이가 있다는 의미로 해석하면 되겠지요.

[그림 4] OECD 국제 학업성취도 평가 연구'를 인용한 대부분의 연구에서 참여 국가의 70% 이상에서 여학생의 성적이 남학생의 성적을 앞지른 것으로 나타났다고 해요.

2017년 조선일보의 보도에 의하면 우리나라에서 여학생들이 남학생보다 공부 잘하는 현상이 초·중·고·대학 할 것 없이 대부분의 교육 현장에서 나타나고 있다고 합니다. '여학생들이 국어는 잘하지만, 수학·과학은 남학생에게 뒤처진다'거나 '여학생은 내신에 강하지만 수능에선 남학생이 더 강하다'와 같은 오랜 통념도 해가 갈수록 깨지고 있다고 해요.

여학생이 남학생에 비해 학업성적이 우수해지고 있다는 사실은 우리나라만의 현상은 아닌 것 같습니다. 최근 'OECD 국제 학업성취도 평가 연구'를 인용한 대부분의 연구에서 참여 국가의 70% 이상에서 여학생의 성적이 남학생의 성적을 앞지른 것으로 나타났다고 해요. 이러한 현상을 연구한 미국 조지아대학의 연구팀의 연구결과는 참고할 만합니다.

조선일보의 보도에 의하면 미국 조지아대학교 연구팀이 초등학생 5,800명을 대상으로 연구한 결과, 집중력·끈기, 열의 등 학습태도에서 여학생들이 남학생보다 뛰어난 것으로 나타났다고 해요. 연구팀은 "여학생들이 교실 환경에 적응을 잘하고, 스스로 통제하는 능력도 남학생보다 더 높다"라면서 이런 차이는 초등학교 때부터 나타나기 시작해 갈수록 남학생과 격차를 벌린다"고 분석했습니다.

그러나. 연구 결과에 대한 조선일보의 보도는 다음과 같은 문제점을 안고 있어 독자들이 주의를 기울여야 해요.

첫째, 보도에는 "얼마만큼 차이가 있다"라는 점수나 통계적 유의성 수준(p-value, 신뢰구간 등)이 명확히 제시되지 않았어요.

둘째, 초등학생 5,800명인 표본의 규모는 꽤 크지만, 이들이 어느 지역(도시 vs 농촌), 경제적 배경, 인종적 배경 등이 어떻게 구성되어 있는지는 언론보도만으로는 알기 어려웠습니다.

셋째, '집중력, 끈기, 열의, 교실 적응, 자기 통제능력' 등의 개념이 어떤 설문지에서 어떤 지표로 측정되었는지 등의 방법론적 세부사항도 알 수 없어요.

통계분석에서는 변수의 개념적 정의가 필요하지만 조작적 정의가 실제로는 더 필요합니다. 예를 들어, 교실 적응이라는 변수는 하루에 얼마나 교실을 이용하는가를 시간 단위로 측정하면 되겠지요. 집중력이나 끈기 등을 표시할 수 있는 조작적 정의에 대해 독자 여러분들도 한 번 생각해 보시기 바랍니다.

2. 대응표본 t-검정

제품에 대한 광고는 기업의 성장에 많은 영향을 줍니다. 광고 시장은 해마다 성장하여 2024년 기준으로 약 20조원에 이르고 있어요. 2018년 University of South Australia의 Ehrenberg-Bass Sponsors에 공개된 Adams Gelzinis 교수 등의 연구 결과를 보면 기업활동에서 광고의 효과가 미치는 영향이 얼마나 큰가를 알 수 있어요.

What happens to sales when brands stop advertising for long periods?

By Adam Gelzinis, Rachel Kennedy, Virginia Beal, Nicole Hartnett and Byron Sharp

Key findings

- When brands stop advertising for a year or more, we find sales often decline year-on-year following the stop (on average, sales fell 16% after one year, and 25% after two years).
- The rate of decline is fastest for brands that are already declining before the advertising stop.
- Brand size also matters. Small brands typically suffer greater declines than bigger brands.
- Bigger growing brands tend to continue to grow after advertising stops for one to two years, whereas the sales trend quickly reverses for small growing brands.

[그림 5] Adams Gelzinis 교수 등이 2018년 발표한 논문의 일부

Adams Gelzinis 교수 등은 그들의 연구 결과를 Key Finding으로 정리했어요.

첫째, 브랜드가 1년 이상 광고를 중단하면, 중단 후 매출이 전년 대비 감소하는 경우가 많다**(평균적으로 1년 후 매출은 16%, 2년 후는 25% 감소)**.

둘째, 광고 중단 전에 이미 매출이 감소하고 있던 브랜드의 감소

속도가 가장 빠르다.

셋째, 브랜드 규모 또한 중요하다. 일반적으로 소규모 브랜드는 대규모 브랜드보다 매출 감소폭이 더 크다.

넷째, 성장하는 대형 브랜드는 광고 중단 후 1~2년 후에도 계속 성장하는 경향이 있는 반면, 소규모 성장 브랜드의 매출 추세는 빠르게 반전된다.

광고 시장의 규모는 매년 약 5%씩 성장하고 있다는데, 광고의 효과는 소규모 브랜드에 더 있다고 합니다. 이와 같이 어떤 처치를 하기 전과 후의 평균을 비교하는 연구도 t-test를 이용하여 검정할 수 있습니다.

대기업 남녀사원 평균임금의 비교나 남녀학생들의 성적 비교는 남녀라는 독립된 두 집단의 평균을 비교한 결과입니다. 그러나, 어떤 행위를 하기 이전과 이후의 결과 비교는 같은 개체나 사람들을 대상으로 한 것이기 때문에 비교한 개체나 사람에 종속된 집단의 평균 비교에 해당해요. 여기에서 말하는 어떤 행위에는 광고, 과외수업, 다이어트 프로그램 참가 등이 해당합니다.

이와 같은 비교를 할 때는 개체들이 어떤 행위를 하기 이전과 이후에 발생한 값의 차이를 계산하여, 차이들의 평균과 표준편차를 이용합니다. Adams Gelzinis 교수 등도 이와 같은 방법으로 계산한 값들을 이용하여 검정통계량을 만들고 유의값(p-value)과 비교했겠지요.

요즈음 비만 치료제인 '위고비(성분명 세마글루타이드)'의 열풍과 관련한 언론보도를 자주 볼 수 있습니다.

최근 분당서울대병원은 임수 교수가 총괄한 한국·태국 국제공동 연구팀이 체질량지수(BMI) 25 이상 비당뇨 비만 성인에게 위고비 성분인 세미글루타이드를 주 1회 2.4mg씩 44주간 투여했더니 체중이 16%가 감소했다고 발표했습니다. 신문에 보도된 내용으로 보아 이 연구는 실험집단에 세미글루타이드를 투여했고, 대조집단에 허위약(placebo)을 투여했을 것으로 추정됩니다. 이 경우, 실험집단과 대조집단에 참여한 모든 실험 대상자들에게 실험에 참여하기 전의 몸무게를 측정한 후, 세미글루타이드와 허위약을 투약한 후의 몸무게를 비교했을 것입니다. 이렇게 실험 전과 후의 처치결과를 비교하여 차이의 유무를 비교하는 것을 대응표본 t-검정(pairwise t-test)이라 해요.

동아시아인에 써본 위고비, 'BMI 25'도 효과… "44주간 체중 16% 감소"

[그림 6] 위고비 사용 전과 후의 몸무게가 차이가 있는지를 알기 위해서는 대응표본 t-검정(pairwise t-test)을 사용할 수 있습니다.

3. 여러 집단의 평균비교

두 집단의 평균비교는 평균 검정인 t-검정을 이용할 수 있었습니다. 만약 비교해야 할 집단이 3개 이상이 있을 경우에는 t-검정을 이용할 수 없어요.

[그림 7] 중산층 노후대비 대책 마련을 위한 '중산층 계층인식 조사' 결과 보고서 표지

NH투자증권 100세 시대연구소에서는 2022년 2월22일부터 3월2일 사이에 30대~50대 1,140명(남 572명, 여 568명), 상위층 194명, 중산층 761명, 하위층 185명을 대상으로 '중산층의 경제생활과 노후준비 현황에 대한 비교 분석'을 실시했습니다.

사회경제적 계층으로 분류된 상위층과 중산층 및 하위층의 경제상황은 각각 다음과 같았어요.

[표 1] 상위층과 중산층 및 하위층의 경제상황 (단위 : 만원)

		하위층	중산층	상류층
순자산(만원)	자산관리 한다	24,245	52,480	101,517
	자산관리 안함	24,051	44,768	76,429
부채(만원)	자산관리 한다	5,913	8,798	11,491
	자산관리 안함	7,092	8,062	11,699
저축률(%)	자산관리 한다	19.0	26.5	35.7
	자산관리 안함	10.4	18.9	29.6

※ 자료 출처 : 2022년 NH투자증권 100세 시대연구소

[표 1]을 보면 자산관리의 유무에 상관 없이 3개 계층 사이의 순자산은 많은 차이가 있음을 알 수 있습니다. 자산관리를 하지 않는 경우의 부채 규모는 하위층이 약 7,092(만원), 중산층이 8,062(만원) 및 상류층이 11,699(만원)으로 경제상황이 좋을수록 부채의 규모도

늘어남을 알 수 있어요. 만약 3개 계층들에 대한 표준편차를 알 수 있다면 3개 계층들 사이의 평균부채 규모가 같다고 할 수 있는지 검정해 볼 수 있습니다.

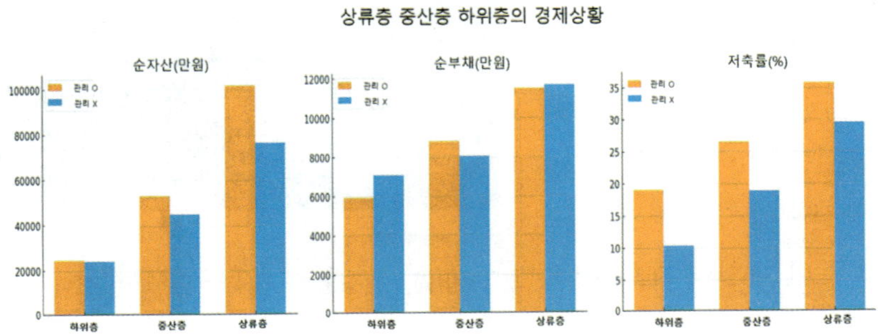

[그림 8] 상류층 중산층 하위층의 경제 상황 비교를 위한 막대그래프

[표 1]을 보면 자산관리를 하지 않는 경우 하위층과 중산층의 부채 차이가 약 1,000만원 정도이고, 중산층과 상류층의 부채 차이는 약 3,600만원 정도입니다. 각 계층의 표준편차를 고려하지 않더라도 하위층과 중산층의 차이는 적고, 중산층과 상류층의 차이는 큼을 알 수 있어요. 표준편차를 고려해서 이 차이들이 통계적 의미를 가지는가에 대한 검정을 분산분석(Analysis of Variance, ANOVA)이라 합니다.

분산분석의 가설은

귀무가설 : 자산관리를 하지 않는 경우 3개 그룹사이의 평균 부채는 다르지 않다.

입니다. 만약 귀무가설이 채택되면 분석은 여기서 끝이 나지만, 기각되면 어떤 계층 사이의 평균 부채가 같은지, 다른지에 대한 가설검정을 진행해야 합니다.

우리가 살다보면 내가 속한 집단과 다른 집단을 비교해야 할 경우가 많이 있습니다. 평균값이 크고 작음을 비교하는 경우도 있지만, 비율을 비교해야 할 경우도 자주 있어요. 예를 들어, 공중파 TV 3사의 주말 시청률을 비교한다든지 가까이 있는 두 양계농장의 산란율을 비교할 수도 있습니다.

'세상 이야기 12'에서 이야기했던 집단들 사이의 평균 비교의 방법을 통해 집단들 사이에 비율을 비교하는 문제에도 관심을 가져보면 좋겠습니다.

세상
이야기

13

• 내 키가 작다고 해서 손자의 키도 작을까요?
- 회귀분석과 예측에 관한 이야기

평균으로 회귀

"내 키가 작다고 해서 손자의 키도 작을까요?"

20세기 초 영국의 유전학자 프랜시스 골턴(Francis Galton, 1822~1911)은 동물의 경우 좋은 품종에 따라 좋은 특성이 유전되는데, 인간도 그럴까에 대한 의문을 가지고 205명의 부모와 그의 자식 930명에 대한 자료를 가지고 연구를 시작했습니다.

그 결과 키가 큰 부모가 상대적으로 키가 큰 자녀를 낳는 것은 분명하지만 키가 큰 아버지를 둔 아들은 아버지보다는 키가 작아지며, 키가 작은 아버지를 둔 아들은 아버지보다 키가 커진다는 사실을 발견했습니다. 경주마도 뛰어난 씨숫말을 아무리 교배해도 2세들은 대부분 아버지보다 열등한 경주마로 태어나고, 2세들 중에서 1세와 같이 뛰어난 경주마로 태어나는 건 극히 소수일 뿐이라는 사실도 알아냈어요. 결론적으로 우월한 특성은 세대가 갈수록 열등해

지고, 열등한 특성은 세대가 갈수록 우월해져 결국 집단의 평균과 가까워졌습니다. 그는 이러한 특성을 "Regression toward the mean. (평균으로 회귀한다)"라고 했습니다.

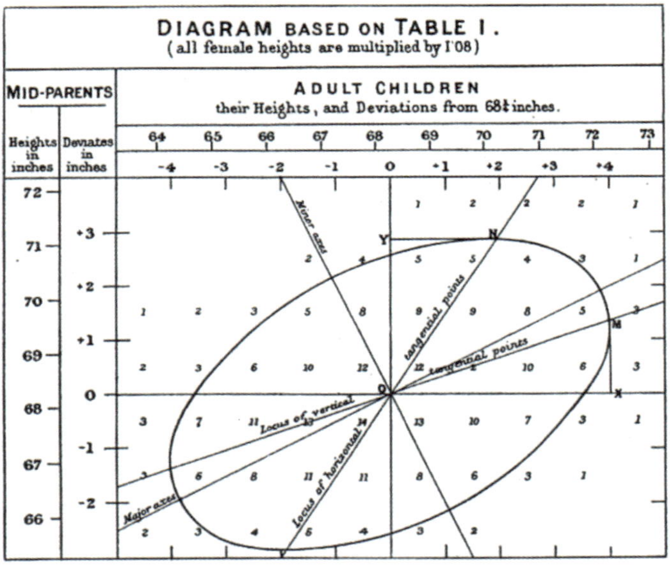

[그림 1] 프랜시스 골턴이 부모의 키와 자녀의 키 사이에 '평균으로의 회귀' 현상을 증명하기 위해 제시한 것으로 통계학사에서 매우 중요한 그림이에요.

[그림 1]에서 세로축은 부모의 평균 키(단, 여성은 1.08을 곱하여 보정)이고 가로축은 성인 자녀의 키를 나타내었어요. 타원형 분포는 부모 키와 자녀 키의 공통분모를 근사적으로 나타내어 데이터가 퍼져 있는 형태입니다. 만약 대각선(45° 직선)을 그릴 수 있다면 이 선은 부모의 키가 그대로 자녀의 키에 유전된다는 이상적인 선이 됩니다.

자료에 따라 그린 여러 개의 회귀선(regression line)은 대각선과 일치하지 않고 기울기가 1보다 작으므로 다음과 같은 사실을 알 수 있어요.

❶ 부모의 키가 평균보다 크면 자녀의 키도 크지만, 대개는 부모만큼 크지 않다.
❷ 반대로 부모의 키가 작아도 평균 키 쪽으로 더 가까워졌다.

이와 같은 현상을 그는 '평균으로의 회귀 현상'이라 불렀습니다. 프랜시스 골턴은 이 현상을 증명하기 위해 변수들의 인과관계를 바탕으로 하는 새로운 모형, 즉 회귀모형을 추정하였습니다. 그는 이 새로운 모형을 이용하여 회귀분석(Regression Analysis)이라는 새로운 분석 방법을 만들었어요. 골턴의 연구 결과 다음과 같은 사실도 알 수 있게 되었습니다.

❶ 종속변수와 독립변수 간에 선형관계가 존재하는지
❷ 종속변수에 영향을 미치는 독립변수의 의미와 어느 정도 영향력이 있는가 여부
❸ 추정된 회귀모형을 이용하여 종속변수를 예측하기

이와 같은 성과로 인해 회귀분석은 '통계학의 꽃'이라 불리며 많은 분야에서 활용되고 있어요.

'투자의 귀재'로 불리는 미국 오크트리캐피털 매니지먼트(Oaktree Capital Management)의 공동 창업자인 하워드 막스(Howard Stanley Marks)는 미국 증시가 거품의 초입 단계에 들어섰다며 투자자들에게 방어적 대응이 필요하다고 경고했습니다.

최근 미국증권시장은 트럼프(Donald Trump) 대통령 2기 집권 이후 인공지능 관련 기술주 중심으로 크게 상승했습니다. S&P 500 지수 가운데 정보기술분야의 전체수익률은 2017년 트럼프 1기 집권 이후 약 448%나 상승했으며, 2024년부터 시작된 집권 2기 초기에

는 다소 하락했으나 2025년 6월 말 기준 기술주 중심의 S&P 500과 나스닥(Nasdaq)은 사상 최고치 수준으로 복귀했어요.

이런 과열 현상에 대해 하워드 막스는 블룸버그TV 인터뷰에서 "경종을 울리려는 것은 아니다. 그러나 자산 가격이 비싼 것은 분명하다"며 "지금 상황은 1990년대 말 닷컴 버블 시기를 떠올리게 한다"라고 말했습니다. 닷컴 버블 시기 당시 앨런 그린스펀(Alan Greenspan) 전 연방준비제도(Fed·연준) 의장이 "비이성적 과열"을 지적했지만, 주가는 몇 년간 더 오르다가 결국 붕괴한 바 있었던 사실을 들어 경고한 것이에요.

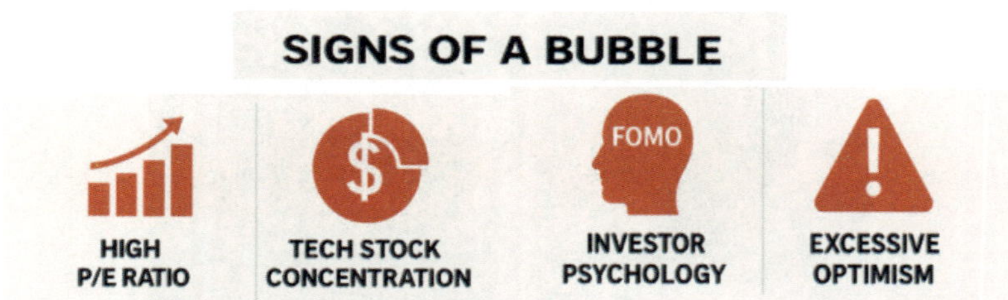

[그림 2] 하워드 막스(Howard Stanley Marks) 오크트리 캐피털 매니지먼트 CEO가 최근 미국 기술주 급등 현상에 대해 버블은 곧 사리질 것이며 "평균으로 회귀할 것"이라 경고했습니다.

그는 주요 버블 징후로서 ① 높은 P/E 비율(고평가된 벨류에이션) ② 기술주 집중현상 ③ "다른 사람들은 모두 돈을 버는데, 나만 빠질 수 없다"는 FOMO 심리 ④ 과도한 낙관론을 들었습니다. 막스는 "사람들이 시장 조정을 잊고 살고 있다"며 **"평균으로 회귀**(regression to the mean)가 나타날 가능성이 크다"라고 경고했습니다. 경제학에서 평균으로 회귀란 자산 가격이 장기적 평균 수준에서 지나치게 벗어나면 결국 평균에 수렴하는 현상을 뜻합니다. 즉, 과열 국면에서 급등한 주가는 장기적으로 제자리를 찾아 내려올 수 있다는 의미예요.

이재명 정부들어 급등했던 우리나라 주식시장도 점차 냉정을 찾아가고 있습니다. 코스피(KOSPI)는 지난 7월 30일 기준으로 3254.47포인트로 2025년 연고점을 찍은 뒤 점차 하락추세에 있어요. 그러나, 장기적으로는 5000까지도 오를 가능성이 있다고 합니다.

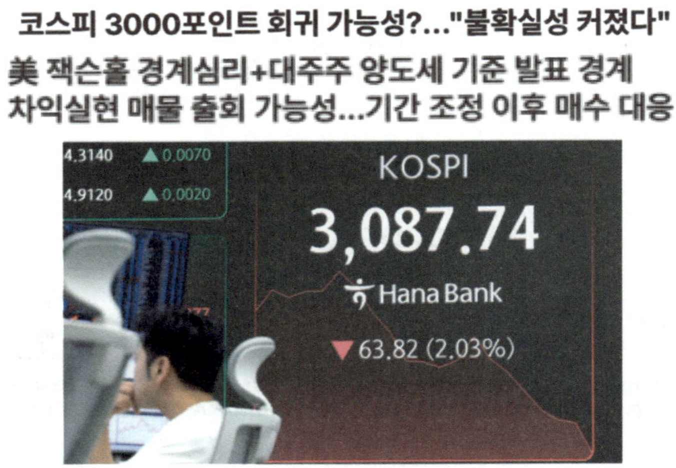

[그림 3] **2025년 8월 첫주, 코스피가 큰 폭으로 하락하며 3000포인트로 향해 회귀하고 있습니다.**

주식 가격은 기업의 실적이 바탕이 되어 성장하는 것이 바람직하며, 정부 정책을 통한 단기적 처방만으로는 성장에 한계가 있어요.

재미있는 사실 가운데 하나는 2025시즌 초중반 3위권을 형성하며 33년만에 리그 우승에 대한 기대감을 가졌던 프로야구 롯데자이언츠의 순위가 10월 6일 기준으로 7위로 떨어져, 지난 10년 동안의 평균 순위인 7.4위로 회귀하고 말았어요.

[표 1] 프로야구 롯데자이언츠 최근 10년 순위 (출처 : 한국야구위원회)

연도	2015	2016	2017	2018	2019	2020	2021	2022	2023	2024
순위	8	8	5	7	8	8	8	8	7	7

프로야구의 성적을 결정하는 데에는 많은 변수들이 작용합니다. 2001년 당시 현대 유니콘스의 김재박 감독은 "Down Team is Down (한번 추락한 팀은 끝내 추락한다)"이라는 하위 팀들이 듣기에 가슴 아픈 명언을 남겼어요. 이 말이 프로야구계에 논란을 일으키자 김 감독은 "한번 분위기가 내려간 팀은 성적도 내려간다"며 진화에 나섰으나, 대부분의 팬들은 그렇게 해석하지 않았습니다.

김재박 감독이 남겼던 명언 "Down Team is Down"도 "Regression to the Mean"을 의미할까요?

2. 회귀모형의 추정과 종속변수의 예측

회귀분석은 하나 또는 그 이상의 독립변수와 종속변수들 사이에 성립하는 **회귀모형**(regression model)을 추정하는 일에서 시작합니다. 추정된 회귀모형은 이 모형이 잘 추정되었는가 여부에 대한 타당성 검정 절차를 통해 타당하다고 판단되면, 자료 집합의 성질을 가진 다른 값들을 독립변수로 하여 종속변수 값을 추정할 수 있어요.

미국 프린스턴(Princeton)대학교 경제학과 아셴펠트(Orley Ashenfelter) 교수는 미국 나파밸리(Napa Valley)와 프랑스 보르도(Bordeaux) 및 보르고뉴(Bourgogne) 지역의 포도의 질과 와인 가격에 대해 연구했습니다. 포도의 질에 영향을 미치는 변수는 토양의 성분, 일조량, 강수량 등 많이 있지만, 나파벨리 지역의 경우 크게 영향을 미치는 변수는 겨울철 강수량, 재배 철의 평균기온, 수확기 강수량 등 3개로 조사되었어요. 그는 나파벨리 지역의 포도에 대해 이 3개 독립변수 중심으로 수년간 연구하고, 그 결과를 기록했습니다. 아센펠트 교수는 이렇게 얻은 자료를 독립변수로 하고 와인의 품질을 종속변수로 하는 회귀모형(regression model)을 만들었어요.

이렇게 추정한 회귀모형은 다음과 같습니다.

와인의 품질 = 12.145 + (0.00117 × 겨울철 강수량)
+ (0.0614 × 재배 철의 평균기온) − (0.00386 × 수확기 강수량)

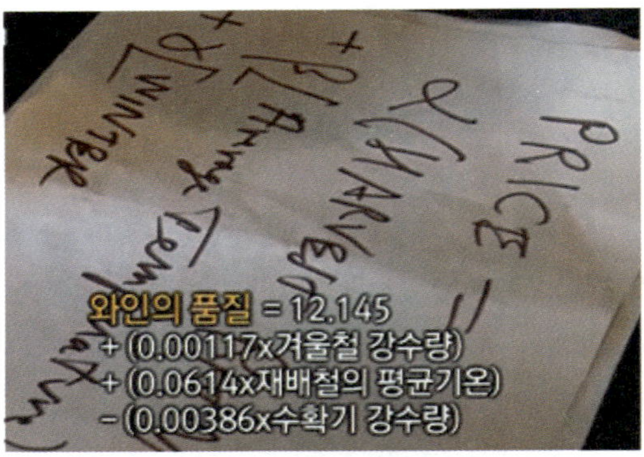

[그림 4] 아센펠트 교수가 추정한 와인품질의 회귀모형

이 모형에서 사용한 12.145, 0.00117, 0.0614, −0.00386과 같은 숫자를 **회귀계수**(regression coefficients)라 합니다. 회귀계수는 아센펠트 교수가 수집한 많은 자료로부터 계산하여 얻은 추정값으로, 이 값이 정확해야 좋은 모형이 되겠지요. 앞으로는 나파벨리에서 생산되는 와인의 품질을 추정하기 위해 이 지역의 겨울철 강수량, 재배철의 평균기온, 수확기 강수량에 대한 자료를 수집하여 추정한 회귀모형에 대입하면 됩니다.

아센펠트 교수가 추정한 회귀모형에서 회귀계수가 가지는 의미는 다음과 같아요.

❶ 0.00117 : 겨울 강수량이 많을수록 품질 지수가 약간 상승하는 효과가 있음
❷ 0.614 : 재배철의 평균 기온이 높을수록 품질 지수가 상승함
❸ −0.00386 : 수확기 강수량이 많을 경우 품질이 떨어지는 경향이 있음

즉, 좋은 와인은 겨울에 적당한 강수, 재배기 동안 따뜻한 기온, 수확기 강수량이 적은 조건에서 나올 가능성이 크다는 것이 아센펠트 교수가 추정한 모형으로부터 알 수 있는 내용입니다.

실제로 해마다 이 공식을 적용한 결과, 시장 출시 이전 저장단계에서 예측한 가격이 뒷날 시장 출시 가격과 정확하게 맞아떨어졌다고 1990년 4월 3일 New York Times가 보도했어요.

회귀분석은 주식시장의 예측과 분석, 각종 경제지표의 예측 등 실물경제 관련 자료의 분석에도 많이 사용됩니다.

예를 들어, 마트에서는 제품의 가격, 소비자 소득, 광고비 등과 같은 여러 요인을 독립변수로 하여 향후 수요를 예측하는 회귀모형을 추정할 수 있습니다.

이때 추정할 수 있는 회귀모형은 다음과 같아요.

$$\text{향후 수요량} = a_1 + a_2 \times \text{제품의 가격} + a_3 \times \text{소비자 소득} + a_4 \times \text{광고비}$$

위 모형에서 a_1, a_2, a_3 및 a_4를 회귀계수라 부르는데, 취득한 자료를 이용하여 추정할 수 있습니다. 수집한 제품의 가격, 소비자 소

득, 광고비에 대한 자료를 위의 모형에 대입하여 향후 수요량을 추정할 수 있습니다.

멸종된 동물의 화석은 완전한 모양으로 발견되는 경우도 있으나 대부분 조각으로 흩어져 발견됩니다. 화석에서 뼈들의 길이가 완전하지 못한 경우 회귀분석을 이용하여 나머지 뼈의 길이를 추측할 수 있어요.

시조새(archaeopteryx)는 지금은 멸종이 되었으나, 약 1억5천만 년 전 중생대 쥐라기 후기에 독일의 남부지역에서 살았던 것으로 알려져 있습니다. 시조새의 화석은 1861년 독일 바이에른 지역에서 발견된 이후 현재까지 알려진 화석의 개수는 모두 12개입니다.

시조새가 멸종되어 볼 수 없으므로 고고학자들은 시조새의 상박골, 자골, 넓적다리 및 경골의 데이터로부터 계산한 회귀모형을 이용하여 크기를 추정하고 있어요.

[표 2] 시조새의 상박골, 자골, 넓적다리 및 경골의 길이 (단위 : mm)

발견된 장소	상박골	자골	넓적다리	경골
Thermopolis	56.9	50.9	50.3	74.6
Munich	55.0	53.0	46.5	71.5
Berlin	63.0	56.2	52.2	71.0
London	75.0	67.0	61.0	82.0
Solnhofen	83.0	74.0	67.0	92.0
Eichstatt	41.5	36.5	37.0	53.0

※ 자료출처 : Mayr, G., Pohl, B., Hartman, S., & Peters, D. S. (2007). The tenth skeletal specimen of Archaeopteryx. Zoological Journal of the Linnean Society, 149(1), 97–116.

[그림 5] 시조새 화석과 상박골(Humerus), 자골(Ulna), 넓적다리(Femur) 및 경골(Tibia)의 위치

[표 2]의 자료를 이용하여 자골, 넓적다리 및 경골의 길이를 독립변수, 상박골의 길이를 종속변수로 해서 계산한 회귀모형은 다음과 같습니다.

$$\text{상박골의 길이} = -2.894 + 0.549 \times \text{자골} + 1.088 \times \text{넓적다리} - 0.394 \times \text{경골}$$

만약 어떤 장소에서 자골의 길이 70cm, 넓적다리의 길이 55cm 그리고 경골의 길이 85cm의 화석이 발견되었다면, 상박골의 길이는 다음과 같이 추정할 수 있어요.

$$\text{상박골의 길이} = -2.894 + 0.549 \times 70 + 1.088 \times 55 - 0.394 \times 85 = 61.886(\text{cm})$$

사람들도 그렇듯 동물의 뼈의 길이도 다른 뼈들의 길이와 상관관계가 큽니다. 다리가 긴 사람이 팔 길이도 길 확률이 높은 것과 마찬가지예요. 독일 지역에서 발견된 시조새 뼈의 길이에 대해 산점도를 그려보면 [그림 6]과 같습니다.

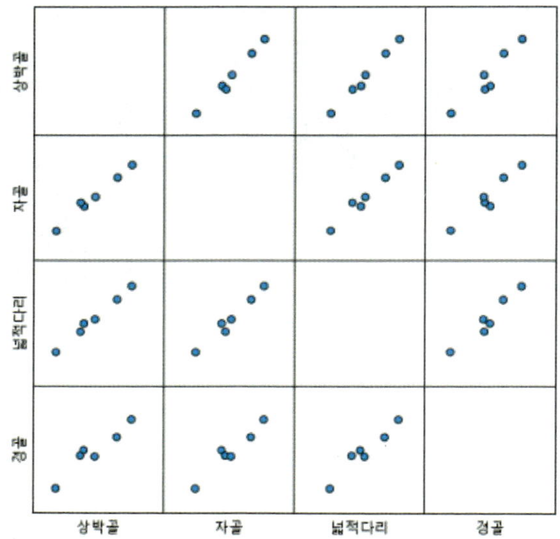

[그림 6] 독일 지역에서 발견된 시조새 뼈 길이의 산점도.

산점도가 우상향 일직선 모양이므로 각 변수들은 서로 +1에 가까운 상관계수 값으로 완벽한 양적 관계를 가질 것으로 예상됩니다.

물론 독립변수의 숫자가 늘어나면 회귀분석에서 고려해야 할 것들도 같이 늘어납니다. 그러나, 독립변수의 수가 많아진다고 해서 모두 사용하는 것은 아니예요. 이럴 경우에는 종속변수에 영향을 크게 미친다고 판단되는 중요한 몇 개의 독립변수들을 위주로 모형을 추정하는 방법을 사용하면 되겠지요.

앞에서 이야기했던 여러가지 사례 이외에도 실업률 예측이나 주택가격지수 예측 및 인력수용 예측 등에 필요한 회귀모형도 같은 방법으로 추정할 수 있습니다.

주식 투자에 관심이 있다면, 주식 가격에 영향을 미치는 변수들이 너무 많다는 사실도 잘 알겠지요? 영향을 미치는 변수들을 독립변수로 하여 회귀분석을 하면 주식 가격이라는 종속변수를 예측할 수 있어요. 주식 전문가들이 말하는 주식 가격에 영향을 미치는 변수는 다음과 같습니다.

- PER : 주가수익비율(Price Earnings Ratio)
- PBR : 주가순자산비율(Price Book-value Ratio)
- ROE : 자기자본이익률(Return on Equity)
- 부채비율 : 기업의 재무건전성 지표(Debt Ratio)
- EPS : 주당순이익(Earnings Per Share)
- 매출성장률 : 최근 분기 대비 매출 증가율(Revenue Growth Rate)
- 금리 : 기준금리(예 : 한국은행 기준금리)
- 환율 : 원/달러 환율
- 코스피지수 : 시장 전체의 흐름 반영

위의 변수들을 이용하여 특정 기업의 주식 가격에 대한 회귀모형을 만들 수 있고, 이 모형을 이용하여 '미래 주식 가격'에 대한 예측을 할 수 있어요. 주식 가격의 추세와 변동에 대해서는 '세상 이야기 14'에서 이야기해 봅시다.

세상 이야기

14

- 주식 가격의 추세와 변동을 예측할 수 있나요?
  - 추세와 시계열분석에 대하여

사람의 키는 성인이 될 때까지 매년 성장을 합니다. [표 1]을 보면 우리나라 사람들은 40대까지 성장하다가 50대 이후에는 오히려 줄어든다는 것을 알 수 있어요.

[표 1] 연령별·성별 평균 신장 분포 (출처 : 국가통계포털 KOSIS, 2022년, 단위 : cm)

	전체	19세 이하	20대	30대	40대	50대	60대	70대	80세 이상
합계	165.10	169.55	167.86	169.27	167.73	164.41	161.44	158.75	155.59
남자	171.49	174.40	174.43	174.71	173.53	170.71	168.00	165.61	163.68
여자	158.26	161.71	161.83	161.86	160.62	157.90	155.30	152.58	149.03

[표 1]은 2022년이라는 특정 시점에서 우리나라 전체 국민을 대상으로 조사한 연령별·성별 평균 신장입니다.

만약 누군가가 태어날 때 50cm였던 키가 해마다 조금씩 자라 30

[그림 1] AI가 그린 유아에서 성인이 될 때까지의 성장 과정

세인 지금 180cm가 되었다고 가정해 봅시다. 매년 그의 생일 때 기록했던 30개 값의 평균이 그 사람 키의 평균값이라 할 수 있을까요?

[그림 1]은 어떤 사람이 태어나서 성인이 될 때까지의 성장 과정을 AI가 그림으로 그려 본 것입니다. 이 사람의 부모가 매년 생일에 그녀의 키를 기록해 두었다면 이 자료는 시간에 따라 변하는 성질을 가진 것으로서 '**시계열 자료**(time series data)'라 해요. 시간의 흐름에 따라 취득한 자료들 사이의 특성과 인과관계를 분석하는 방법을 **시계열분석**(time series analysis)이라 합니다. 시계열분석은 시간의 흐름에 따른 자료의 특징들을 분석하는 것이기 때문에 계량경제학이나 금융, 거시경제분석 등에 많이 사용되고 있어요.

우리나라의 아파트 관련 통계를 대표적으로 취급하는 곳은 정부기관인 '한국부동산원'과 민간기관인 'KB 부동산'입니다. [그림 2]는 KB 부동산에서 조사한 2024년 하반기 전국아파트 가격의 '추세'를 그린 그래프입니다. 그래프를 보면 서울의 아파트값은 2024년 7월부터 8월 첫째 주 사이에 가파르게 상승했다가 8월 둘째 주 이후 하락하는 추세를 나타내고 있어요. 서울을 제외한 다른 지역 역시 같은 기간 동안 상승추세에 있었으나, 서울만큼은 '변동'이 심하지 않았습니다.

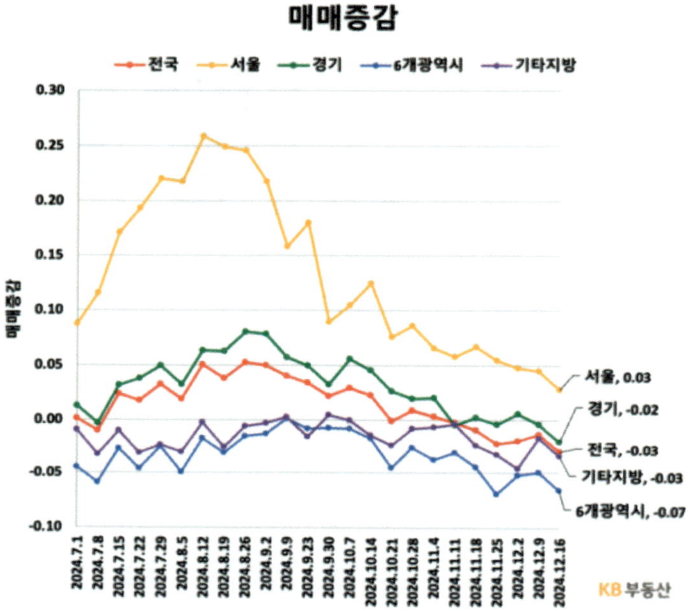

[그림 2] **시계열 그래프로 그려본 2024년 하반기 전국 아파트 값 추세**

(출처 : KB 부동산, 2024.12.16.)

[그림 2]에서 알 수 있듯이 시계열분석을 통해 알 수 있는 정보는 시간의 흐름에 따라 얻어진 자료들의 **추세와 변동**입니다. 자료들의 추세와 변동을 알기 위해서 **꺾은선 그래프**를 사용할 수 있어요. 꺾은선 그래프는 시간을 가로축으로 하고 변수의 값을 세로축으로 해서 그릴 수 있습니다. 이때, 가로축의 시간 간격은 일정해야 합니다.

이렇게 그린 꺾은선 그래프로부터 알 수 있는 것은 첫째, 전체적인 변동의 형태입니다. [그림 2]에 나타난 서울지역 아파트 시세 변동의 형태는 8월 초순까지 가파르게 오르다가 어느 순간 급락하는 추세예요. 변동의 형태가 **'계절변동'**과 같이 규칙적이거나 정상변동이 아닌 경우 그 원인을 파악하는 것이 중요합니다. 국토교통부에서는 2024년 서울지역 아파트값의 상승추세에 대해 전체 부동산시장에 미치는 영향이 매우 심각하다고 판단하여 재건축을 통한 아파트 공급을 확대하는 것을 골자로 하는 '8·8 부동산 대책'을 그해 8월 8일에 발표하였어요. 8월 중순 이후 급락한 아파트 가격은 이 대책의 영향을 받았음을 알 수 있습니다.

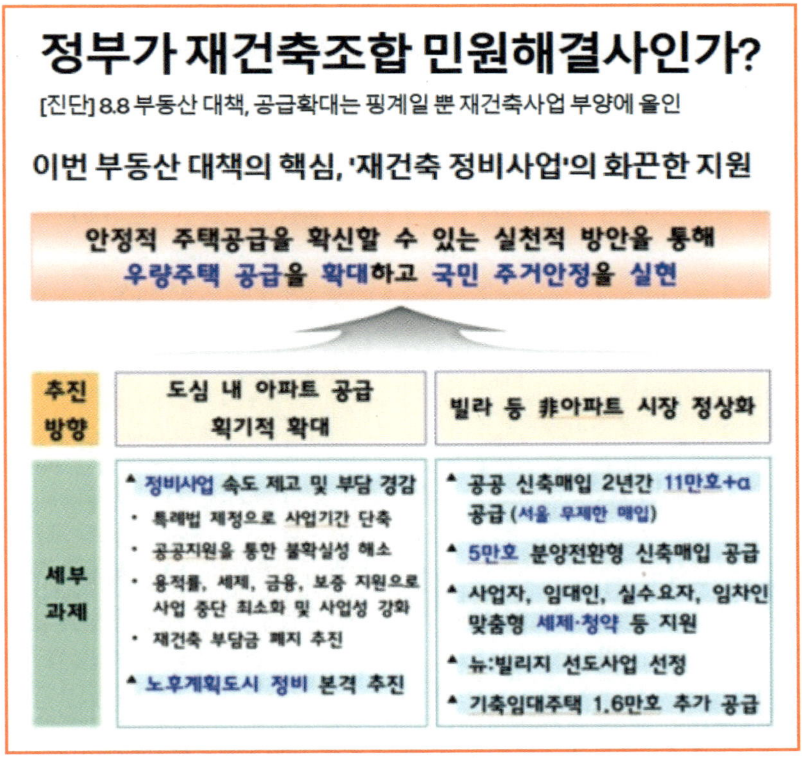

[그림 3] 8·8 부동산 대책 추진 방향과 이를 보도한 언론기사

(출처 : 국토교통부 보도자료 일부, 2024.08.08.)

둘째, 전체적인 형태로부터 편차를 알 수 있어요. [그림 2]에서 보는 바와 같이 단기간에 상승과 하락 사이의 편차가 큰 경우 '8·8

부동산 대책'이 효과가 있었음을 알 수 있습니다.

꺾은선 그래프를 사용한 다른 사례 하나를 더 볼까요? [그림 4]는 반려동물 시장의 증가추세를 2027년까지 예측한 그래프입니다. 국내 반려동물 시장규모는 해마다 증가하고 있으며, 증가 폭에 대한 편차도 해마다 커져 안정적 성장을 하고 있음을 알 수 있어요. 최근에는 노년에 반려동물을 키우는 노부부들이 늘어나고 있는 추세에 있으며, 반려견을 키우는 비용도 늘어나 반려견 평생 2,340만원이 든다고 합니다.

[그림 4] **국내 반려동물 시장규모는 지난 2019년 3조원을 넘어섰고, 2027년에는 6조원대에 이를 전망입니다.** (자료출처 : 농촌경제연구원)

시간에 따른 값의 변화를 '**시계열 변동**(time series variation)'이라 합니다. 시계열 변동에는 규칙적 변동과 불규칙적 변동이 있어요. 규칙적 변동에는 '**추세변동**', '**순환변동**' 및 '**계절변동**'이 있습니다. 추세변동은 오랜 시간에 걸쳐 일어나는 변동으로서 상승추세와 하락추세가 있어요. [그림 4]는 상승추세의 예이고, [그림 5]는 하락추세의 예입니다.

'2010년부터 2019년까지 한국과 미국의 10년 만기 국채수익률'이 꾸준히 하락하고 있다는 것은 이 기간에 한국과 미국의 국가 신용도는 높아졌다는 의미입니다. 기업이나 개인들은 이와 같은 추세를 잘 분석하여 투자 여부를 결정할 수 있겠지요.

[그림 5] 한국과 미국의 10년 만기 국채수익률 추이

(출처 : Bloomberg, 2010~2019)

추세변동이 오랜 기간의 변동임에 비해, 순환변동은 2~3년 정도의 일정한 기간을 주기로 순환하여 나타나는 변동입니다. 과거의 경험으로 볼 때 대부분의 경기변동은 불황, 경기회복, 호황, 불경기가 몇 년 주기로 순환하여 나타나고 있어요. 정부에서는 경기변동의 순환에 따른 일정한 주기를 넘어 불황이 지속되면 경기 부양에 대한 대책을 마련하는 경우도 있습니다.

[그림 6]은 1970년부터 2019년까지 50년 동안 우리나라의 경기순환 추세를 그린 그래프입니다. 우리나라 경제는 1970년대에 중

동정세 불안으로 야기되었던 두 차례의 석유파동과 1998년 외환위기 때를 제외하고는 2~3년에 한번씩 상승과 하강을 반복하면서 안정적 성장을 해 오고 있어요.

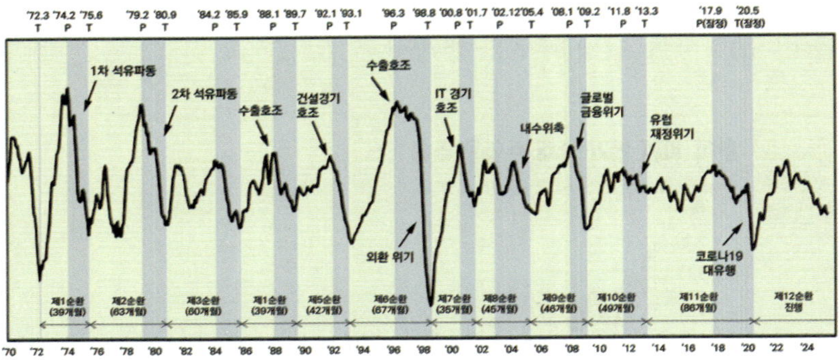

[그림 6] 한국 경기순환국면 도표 (출처 : 국가데이터처)

계절변동은 시계열 자료에서 일반적으로 계절적 영향과 사회적 관습에 따라 1년 주기로 발생하는 변동을 의미합니다. 계절변동이 생기는 배경은 다음과 같은 여러 가지 요인들이 있는데, 몇 가지 예를 들면 다음과 같아요.

첫째, 기후나 기온 등과 같은 자연조건의 변화예요. 한랭지역에 겨울이 오면 농산물과 관련한 각종 생산활동이 둔화되어 지역적으로 소비지수가 많이 감소하게 됩니다.

둘째, 연말이나 연초, 여름 휴가, 황금연휴 및 명절 등을 포함한 달이나 2월은 다른 달에 비해 영업 및 가동 일수가 적어 생산량이 감소해요. 그러나, 이 기간에는 명절 보너스 등이 지급되어 개인 소비가 늘어나고 이에 대응하여 소비재의 생산, 매출, 재고 등이 계절적으로 변동하게 됩니다.

셋째, 여름철에는 에어컨, 빙과류 등과 같이 계절에 민감한 제품의 생산 판매가 급증하게 되겠지요. 계절변동이 워낙 짧은 기간의 변동을 분석하는 것이므로, 추세변동이나 순환변동을 분석할 때 유의할 점은 계절적 요인이 발생하는 경우 이를 제거하고 분석하는 것이 좋습니다.

[표 2] 덥고 습해 오른 주식들 (자료 : 2025년 한국거래소, 단위 : 원)

	회사	6월 20일	7월 2일	8월 1일	9월 2일
여름 가전	파세코	7,060	9,650	6,440	5,800
	위닉스	6,370	7,750	6,210	5,670
	코웨이	91,100	101,900	104,800	100,000
빙과류, 청량음료	빙그레	88,400	90,000	78,600	71,000
	롯데칠성	107,700	132,200	130,300	119,000
	롯데웰푸드	117,000	124,000	120,200	115,100

여름 가전과 빙과류 관련 회사의 주식시세를 [표 2]에서 볼 수 있는데, 2025년 7월 2일을 분기점으로 주식 가격이 오르고 내림을 알 수 있습니다.

지금까지 시계열 변동 가운데 규칙변동과 그 사례들을 보았어요. 시계열 변동에는 규칙변동 이외에도 '**불규칙변동**'이 있습니다. 불규칙변동은 천재지변이나 전쟁 등으로 인해 발생하는 돌발적인 큰 변동 또는 개별적으로 그 원인을 추정할 수 없는 복잡한 원인으로 일어나는 변동을 말합니다.

[그림 6]에서 볼 수 있듯이 1970년대 후반에 발생했던 두 차례의 석유파동과 1998년 일어났던 외환위기는 우리나라의 경제에 큰 영향을 미쳤던 불규칙변동의 대표적인 사례예요. 석유파동 이후 우리나라에서는 앞으로 언제 닥쳐올지 모르는 불규칙변동에 대비하기 위해 원유의 재고량을 늘렸고, 외환위기 이후 달러 보유량을 안정

적으로 유지하는 일에 최선을 다하고 있습니다.

시계열 분석에 대한 이야기를 처음 시작할 때 했던 질문을 다시 해보겠습니다.

"여러분들은 지금까지 살아오면서 본인의 평균 신장을 계산할 수 있나요?"

해마다 기록한 어느 사람의 키는 시계열 자료라는 것을 알았습니다. 시계열 자료의 평균을 [표 1]의 '우리나라 국민들의 평균 신장'과 같이 한 시점에서 취득한 자료의 평균을 계산하는 방법과 같이 구할 수는 없어요. "나의 30년 동안 평생 평균 신장은 120cm"라고 말하는 것은 옳지 않겠지요. 시계열 자료의 평균은 '**이동평균**(moving average)'으로 계산할 수 있습니다.

이동평균도 계산하는 방법과 쓰임새에 따라 종류가 많이 있지만 수학적 개념으로 간단하게 설명하면 "단위기간을 설정하여 그 단위기간 동안의 평균을 계산하는 것"으로 말할 수 있습니다. 단위기간이 시간의 흐름에 따라 이동하기 때문에 이동평균이라 합니다. 이렇게 하면 나의 키에 대한 이동평균을 계산할 수 있겠지요. 예를 들어, 출생 후 3년 간격으로 키에 대한 평균을 계산하면 그 평균값들이 이동평균이 되는 것입니다. 이제 그 값을 연결하여 꺾은선 그래프를 그리면 나의 키에 대한 추세와 변동을 알 수 있습니다.

우리가 늘 접하는 주식시세에 관한 자료도 시계열 자료에 해당합니다. 시계열 자료를 잘 분석하면 관심 있는 주식의 가격 흐름과 그 변동을 알 수 있으며, 이것은 '성공 투자'의 바탕이 되겠지요.

빅데이터 환경 속에서 시계열 분석은 단순한 과거-현재 추세 예측을 넘어서, 실시간으로 대규모의 복합 데이터를 다루며, 전통적인 통계적 방법과 **머신러닝**(machine learning), **딥러닝**(deep learning)기법을 결합해 더 정확하고 실용적인 예측과 이상 탐지를 가능하게 합니다.

금융 분야의 예를 들어볼까요? 주식 가격, 환율, 금리, 암호화폐 등은 모두 시계열 데이터입니다. 시계열 데이터에 대한 가격변동 추세는 딥러닝 기반의 LSTM, Transformer 모델 등을 활용하여 예측할 수 있어요. 예를 들어, 특정 기업에 대한 대규모 트윗이 갑작스러운 주가 변동을 일으키는 현상과 같이 실시간 보도되는 뉴스나 SNS 데이터와 결합하여 시장 심리를 반영하여 분석할 수도 있습니다.

카드 결제, ATM 거래, 온라인 뱅킹 접속 등과 같은 로그는 모두 시간 흐름에 따라 발생해요. 따라서, 평소 사용하지 않던 지역과 시간대에서 급격히 반복되는 결제 발생 시 즉시 경보를 울리는 것과 같이 정상적인 거래 패턴(즉, 시계열적 특징)에서 벗어나는 이상 거래(Anomaly Detection)를 실시간 탐지할 수 있습니다.

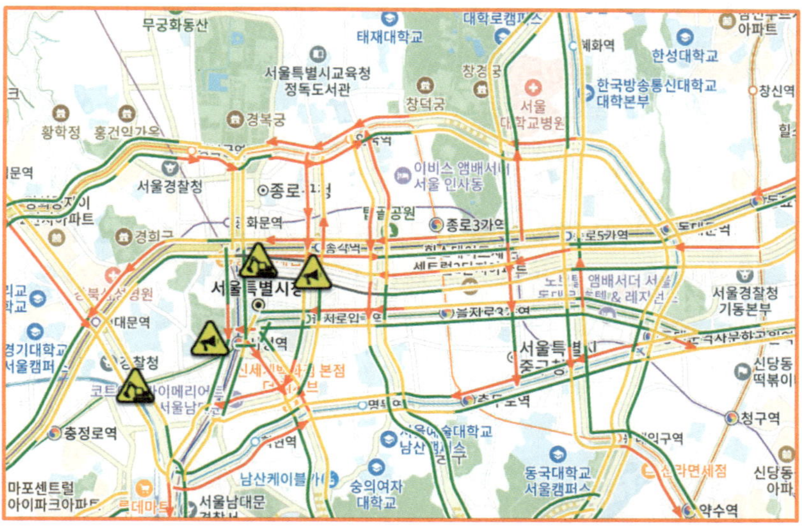

[그림 7] **SEOUL TOPIS로 확인할 수 있는 실시간 서울시내 교통상황**
(출처 : https://topis.seoul.go.kr/)

시계열 분석을 이용하면 대중교통의 수요도 예측할 수 있어요. 먼저, 요일과 시간대별 승하차 인원을 예측하기 위해 버스, 지하철 탑승 기록에 대한 교통카드 데이터를 분석합니다. 도시 교통 운영 기관은 이를 활용해 배차 간격 조정 및 추가 차량 투입을 결정할 수 있어요. 장기적으로는 새로운 노선 신설과 대중교통 요금제 개편 등과 같이 도시 교통 정책에 반영할 수 있습니다. 실제로 서울시에서는 서울교통정보센터(TOPIS, Transport Operation & Information Service)를 통해 얻은 빅데이터를 시정에 활용하고 있어요.

전국적으로 수집된 시계열 데이터는 교통량 및 혼잡 지역 예측에도 이용할 수 있습니다. 도로에 설치된 CCTV, 차량 센서, GPS 및 대중교통 카드로부터 수집한 데이터도 모두 시계열 데이터입니다. 이렇게 수집된 교통 빅데이터는 딥러닝을 활용하여 설날과 추석과 같은 명절 고속도로 상황, 출퇴근 시간 혼잡 구간을 예측할 수 있어요. 네이버, 카카오, 구글맵, 티맵 등에서도 이 자료를 이용하여 정보 소비자들에게 실시간 교통정보를 제공하고 내비게이션의 최적 경로 추천에 활용합니다.

머신러닝이나 딥러닝 기술의 발달로 우리 일상의 많은 부분에서 시계열 자료의 분석이 이용될 것으로 예상됩니다. 어느 시점에 머물러 있는 자료도 중요하지만 시간의 움직임에 따라 얻을 수 있는 자료의 효용가치가 더 높기 때문이겠지요.

세상 이야기

15

- 지수(index)를 알면 삶이 편리해질까요?
  - 맥주지수, 빅맥지수, iphone 지수, 행복지수 등 재미있는 지수에 관한 이야기

지수(index)는 기준시점의 기준값에 대한 특정시점의 상대적인 값을 측정한 숫자입니다. 우리나라 주식시세를 알려주는 **종합주가지수**(Korea Composite Stock Price Index : KOSPI)는 1980년 1월 4일을 기준지수 100으로 하여 현재의 지수를 계산하는 방식이에요. 앞에서 이야기했던 **소비자 물가지수**(CPI)는 소비자가 구입하는 상품과 서비스의 가격변동을 기준시점에 대비하여 측정하기 위한 지표입니다. 이와 같이 경제 상황을 직접적으로 나타내는 지수는 우리의 삶과 정부의 경제정책 결정에 중요하게 쓰이는 도구예요. 이들처럼 경제에 직접적인 영향을 주는 중요한 지수들 이외에도 우리의 삶에 도움이 되는 재미있는 지수들도 많이 있어 소개하고자 합니다.

1. 맥주지수(Beer Index)

술은 인류의 역사와 함께합니다. 기원전 약 4천 년 이전부터 이집트는 인근 지역과 포도주를 교역했으며, 피라미드에서도 포도주병이 유물로 발견되었다고 해요.

우리가 좋아하는 맥주도 인류가 만든 가장 오래된 음료 가운데 하나인 셈입니다. 화학적 방법으로 만들어진 맥주에 대한 최초의 기록은 기원전 5천년 경에 쓰인 고대 페르시아, 메소포타미아 및 이집트 역사에 나와 있다고 합니다. 양조의 여신인 닌카시(Ninkasi)를 기리는 3,900년 전 수메르의 시에는 보리빵으로 맥주를 만드는 과정을 묘사한 맥주 제조법이 포함되어 있다고 해요.

[그림 1] 고대 이집트인들이 맥주를 마시는 모습을 그린 그림

'맥주의 영혼'이라 불리는 홉(hops)을 맥주 제조에 처음 사용한 사람은 12세기 독일의 힐데가르트(Hildegard von Bingen, 1098~1179) 수녀였습니다. 그녀는 예술가이며 자연과학자였고, 약초학자이기도 했어요. 맥주에 홉을 넣으면 독특한 향과 맛을 지닐 수 있으며, 훨씬 오래도록 보관할 수 있다는 것도 힐데가르트 수녀가 발견했습니다. 18세기 이후 산업화가 진행되면서 소규모의 맥주를 만드는 양조장들이 대량생산 방식의 공장으로 바뀌었고, 지금은 전 세계인들이 사랑하는 술 가운데 하나가 되었어요.

전 세계에서 맥주를 가장 많이 마시는 나라는 어디일까요? 일본 최초의 맥주회사인 기린맥주(Kirin Brewery)는 170개 주요 국가와 지역의 맥주 소비에 대해 분석한 2021년 기준 '국가별 맥주 소비 보고서(Global Beer Consumption by Country)'를 발표했어요.

[표 1] 국가별 맥주 소비량 (출처 : 기린맥주 보고서, 2021년)

순위	총소비량		1인당 소비량	
	국가	총소비량 (1,000kl)	국가	1인당 소비량 (l)
1	중국	38,093	체코	184
2	미국	24,170	오스트리아	98
3	브라질	14,640	리투아니아	96
4	러시아	8,937	루마니아	95
5	멕시코	8,660	폴란드	94
6	독일	7,584	에스토니아	91
7	영국	4,608	독일	90
8	일본	4,188	스페인	88
9	베트남	4,159	나미비아	85
10	스페인	4,131	크로아티아	82

[표 1]은 기린 맥주회사에서 발표한 보고서인데, 우리나라는 몇 등일까요? 표에는 나타나있지 않지만 우리나라는 1인당 소비량이 36리터로 52위였고, 일본은 33리터로 53위였어요.

이처럼 맥주는 포도주와 함께 세계적으로 대중화된 술 가운데 하나이며, 인류 역사에서 가장 오래된 발효주의 하나예요. 맥주의 맛은 나라마다 제조하는 방법에 따라 조금씩 다릅니다. 우리나라 주세법에 따르면 맥주는 '발아된 맥류(麥類), 홉(홉 성분을 추출한 것을 포함) 및 물을 원료로 발효시켜 제성하거나, 여과하여 제성한 것'으로 정의하고 있습니다. 따라서 여러 나라에서 그 나라 국민 입맛에 맞게 홉과 녹말, 당분 등의 양과 혼합 비율을 조절하여 만들 수 있겠지요.

이와 같이 맥주가 세계인들이 선호하는 술이 되자, 맥주 가격을 비교하여 각 나라의 물가를 알아보는 지수가 생겼어요. '맥주지수'는 동일한 맥주 브랜드의 가격을 비교하여 각 지역의 물가 수준을 파악할 수 있는 지수예요. 파인트(pint)는 영국에서는 0.568리터, 미국 등 일부 국가에서는 0.473리터 단위의 맥주컵 한 잔의 용량입니다. 우리나라에서 흔히 볼 수 있는 500cc 생맥주잔 정도의 크기겠지요. 파인트를 단위로 전 세계의 맥주값을 비교하는 사이트가 pintprice.com입니다. Pintprice.com에서는 스스로를 "세계 206개국의 맥주 가격을 비교한 세계 최대의 맥주가격 데이터 베이스이며, pintprice는 중요한 경제지표가 되었다"고 주장하고 있습니다.

[표 2] pintprice.com에서 발표한 2025년 10월 주요 국가들의 맥주지수(pintprice, 단위 : 영국 파운드)

가장 저렴한 상위 10개국		가장 비싼 상위 9개국	
타지키스탄	0.30	그린랜드	7.19
부탄	0.36	노르웨이	6.89
부룬디	0.37	카타르	6.39
북한	0.38	UAE	5.90
마다카스카르	0.38	이스라엘	5.60
르완다	0.39	싱가포르	5.50
에디오피아	0.43	지부티	5.48
콩고 민주공화국	0.44	스웨덴	5.00
미얀마	0.44	덴마크	4.91
파나마	0.45	* 대한민국	1.51

[표 2]는 맥주 가격이 가장 싼 나라 10개국과 가장 비싼 나라 9개국을 표시하였습니다. 1파운드가 2025년 7월 기준으로 약 1,870원인 것을 감안하여 각 나라들의 맥주값을 계산할 수 있겠지요. 가장 저렴한 나라는 약 560원(0.30 파운드)인 타지키스탄이고, 가장 비싼 곳은 그린랜드로 약 14,450원(7.19 파운드)이니 맥주 한 잔의 가격이 무려 약 25배 정도의 차이가 납니다. 북한은 약 710원(0.38 파운드)이고, 우리나라는 2,823원(1.51 파운드)이어서 우리가 북한에 비해 약 4배 정도 비싼 맥주를 마시고 있어요.

맥주의 가격은 맥주 자체의 브랜드 차이와 세계 여러 나라의 종교 상황 및 국가정책 등에 영향을 많이 받기 때문에 맥주지수가 객관적인 물가 지표가 될 수 있는지는 의문이 생길 수 있어요. 다만 세계 여러 나라를 여행하는 여행객들에게는 참고할 만한 지표가 될 수도 있습니다.

2. 빅맥지수(Big Mac Index)

맥주지수와 함께 세계 여러 나라의 물가를 비교할 수 있는 지표는 빅맥지수입니다. 빅맥지수는 1986년 영국의 이코노미스트지에 의해 처음 사용되었는데, 글로벌 패스트푸드 프랜차이즈 기업인 맥도날드(McDonald's)의 빅맥 가격을 기준으로 각국 통화의 구매력과 환율을 비교하는 경제지표입니다. 이 지수는 **구매력 평가설**(Purchasing Power Parity, PPP)에 따라 동일한 상품의 가격이 국가 사이에 동일해야 한다는 원칙을 적용하는데, 빅맥은 품질과 재료가 표준화되어 있어 이 비교 기준에 적합해요. 구매력 평가설은 환율의 결정이론 가운데 하나로, 국가 사이의 환율은 해당 국가들의 구매력에 따라 결정된다는 가설입니다. 이 가설에는 어느 나라에서나 동일한 재화는 같은 가격에 판매되어야 한다는 **일물일가의 법칙**(Law of One Price)을 전제로 합니다.

[그림 2] 맥도날드 매장이 있는 세계 여러 나라의 빅맥지수

(출처 : visualcapitalist.com, 2025)

빅맥지수를 계산하기 위해서는 그 나라의 빅맥 가격과 달러 대비 환율, 미국 전체의 빅맥 평균 가격에 대한 정보가 필요해요. 예를 들어, 2025년 7월 현재 한국의 빅맥 가격은 5,500원, 미국 전체의 평균 가격은 $5.15이고, 원달러 환율은 1,370원입니다. 이를 근거로 한국의 빅맥지수를 계산할 수 있어요.

1) 달러당 환산가격은 약 $4.015(= 5,500원/1,370원)입니다.
2) 구매력 기준 환율(빅백 기준환율)은 1,067.96/달러(= 5,500원 / $5.15)이고,
3) 실제 환율과 비교해 보면 −0.283(= (1,067.96−1,370) / 1,067.96)입니다.

즉, 한국의 통화인 원화는 빅맥 가격을 기준으로 볼 때, 미국 달러 대비 약 28.3% 저평가되어 있다고 할 수 있어요. 즉, 우리나라의 빅맥지수는 −28.3%입니다.

[그림 2]는 2025년에 발표된 2024년 기준 빅맥 가격과 빅맥지수를 표시한 지도예요. 세계에서 빅맥 가격과 빅맥지수가 가장 높은 나라는 스위스로서 가격은 $8.18이고, 지수는 +44%입니다.

'살인적 물가' 아르헨, 빅맥지수 스위스에 이어 세계 2위

[그림 3] 아르헨티나는 최근 고강도 재정 긴축과 공격적 금융정책으로 물가가 많이 올랐어요. (AI가 그린 아르헨티나의 경제 상황)

빅맥지수를 이용하여 여러 나라의 물가를 비교할 수는 있으나, 맥주지수와 마찬가지로 한계는 있어요. 나라마다 그 나라의 법령에 따른 서비스 비용, 세금 및 경제적 규제에 차이가 있으며, 소비자들이 햄버거를 선호하는가의 여부에 따라 소비량의 차이도 있을 수 있습니다. 또한, 예기치 않은 사건으로 인해 경제 상황이 급변하게 되어, 달러 대비 자국 통화의 환율이 불안정

하게 되는 경우에도 빅맥지수에 대한 신뢰도가 떨어지게 되겠지요.

[그림 3]은 정부의 공격적 금융정책으로 물가가 단기적으로 많이 상승한 아르헨티나의 상황을 알려주는 언론 보도의 일부와 AI가 그린 아르헨티나의 경제 상황이에요. 아르헨티나의 최근 경제 상황으로 보아 빅맥지수가 2위라는 사실이 정상적이라 이해하기 힘들겠지요. 결과적으로 빅맥지수는 달러화를 기준으로 세계 여러나라의 물가를 비교하는 수단으로 이용하면 편리하겠지만, 이 지수를 이용하여 실제 경제정책을 수립하기에는 미흡한 점이 많이 있습니다.

3. 여러 가지 생활지수

맥주지수와 빅맥지수가 세계 여러 나라의 경제적 상황을 비교하는 데 사용할 수 있다면, 우리의 삶과 밀접한 관계가 있는 지수들도 많이 있어요. 우리나라 기상청에서는 국민의 삶의 질을 높이기 위해 여러 가지 생활지수를 개발하여 발표하고 있습니다. 기상청에서 날씨 이외에 발표하는 지수에는 빨래지수, 외출지수, 운동지수, 세차지수, 우산지수 및 불쾌지수 등이 있어요.

[그림 4] 우리나라 기상청에서 발표하는 각종 생활지수

(출처 : 기상청 홈페이지, 2025.07.22.)

예를 들어, 빨래지수는 강수량과 습도 등을 고려해 빨래하기에 좋거나 좋지 않은 상황을 평가하는 지표입니다. [그림 4]에 나타난 2025년 7월 22일의 빨래지수는 30으로서 빨래하기에 좋지 않은 날임을 알려주고 있어요. 이런 지수들은 지수 50을 기준으로 지수를 통해 결정하고자 하는 행위에 대해 긍·부정을 결정하는 경우가 대부분입니다. 사람에 따라 편안하게 느끼는 온도와 습도는 다르겠지요. 과거에는 각종 지수나 통계값을 권위 있는 기관이나 단체에서 제시하는 값들을 그냥 받아들였습니다. 그러나, 요즘은 나에게 적합한 생활지수는 나의 패턴에 맞게 스스로 만들 수도 있어요.

4. iphone 지수

최근에는 iphone 지수가 젊은이들의 관심을 받고 있다고 해요. iphone 지수는 빅맥지수와 비슷한 개념인데, 각국의 평균임금으로 한 대를 구입하기 위해 며칠을 일해야 하는지 보여주는 지표입니다.

'iphone 15 프로'를 기준으로 최근 국가별 iphone지수를 보면 다음과 같아요.

- 한국 : 10.1일
- 스위스 : 4.2일
- 미국 : 30일 이상
- 프랑스, 영국, 핀란드 등 : 9~10.4일

iphone 지수는 국가별 임금 수준과 경제력을 비교하는 데 유용한 지표로 보이며, 소득격차와 생활수준을 파악하는 데 활용된다고 해요.

iphone 지수만으로 보면 우리나라 근로자들의 평균임금은 미국보다도 더 높으며, 프랑스, 영국 등 유럽국가들과 비슷하게 나타나 흥미롭습니다.

5. 행복지수

영국의 심리학자 로스웰(Rothwell) 등이 2002년 만들어 발표한 행복공식인 행복지수는 자신이 얼마나 행복한가를 스스로 측정하는 지수예요. 이들이 공식에 사용한 변수는 개인적 특성을 나타내는 P, 건강과 돈 등 생존조건을 나타내는 E, 그리고, 야망, 자존심 등 고차원 상태를 나타내는 값인 H입니다. 이들은 사전 연구를 통해 3개의 요소 가운데서도 생존조건인 E가 개인적 특성인 P보다 5배 더 중요하고, 고차원 상태인 H가 P보다 3배 더 중요하다는 것을 발견했어요. 로스웰 등이 제안한 행복지수를 계산하는 공식은 $P+(5\times E)+(3\times H)$입니다.

재미있는 사실은 북한이 그들의 방식으로 계산한 행복지수를 2011년 5월 조선중앙TV를 통해 발표한 것입니다.

[표 3] 북한이 발표한 '세계 각국 국민의 행복순위'와 세계행복보고서(World Happiness Report)의 행복순위

북한이 뽑은 '가장 행복한 나라 순위' 보니 "중국 1위, 미국 꼴찌…한국 순위는?"

국가명	북한이 조사한 행복순위 (2011년 조사)	세계행복보고서의 공식순위 (2024년 조사)
중국	1	59
북한	2	순위에 없음
쿠바	3	순위에 없음
이란	4	100
베네수엘라	5	79
한국	152	52
미국	203	24

북한이 발표한 행복순위는 다음과 같은 문제점이 있어요.

첫째, 순위가 공개되긴 했는데, 조사 방법, 대상, 질문지, 표본 등이 투명하게 공개된 바 없습니다. 따라서 과학적 통계 보고서라기보다는 '선전용 발표' 혹은 국가 이미지 관리 측면에서 작성된 자료일 가능성이 높습니다.

둘째, 북한 언론 매체가 발표했기 때문에 정보의 객관성·중립성에 의문이 제기됩니다. 실제 북한 주민 여론이나 국제적 조사 결과와는 큰 차이가 있어요. 비교 대상 국가 중 미국이 매우 낮은 점수를 받은 건 사실 관계 검증이 어렵기도 합니다. 미국과 한국의 순위가 전체 '203위'라든가 '152위'라는 숫자도 국제적으로 인정된 순위 체계와 비교하면 차이가 많아 객관성이 떨어집니다.

통계는 데이터의 학문이고 올바른 데이터로부터 좋은 정보를 얻을 수 있다는 사실을 이 기사를 통해서도 알 수 있어요.

다섯 번째 주제

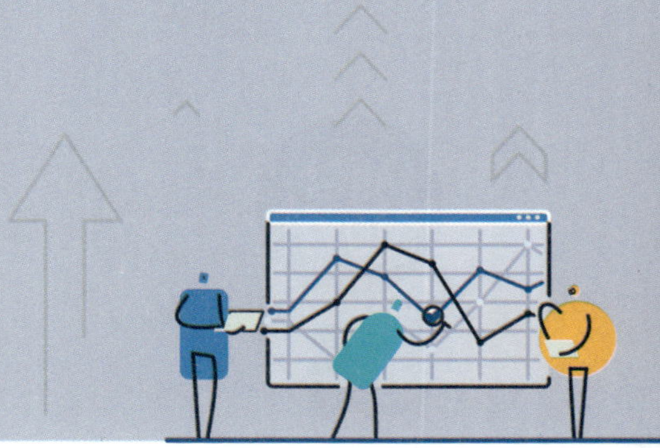

통계를 대하는 올바른 자세

세상 이야기

16

- "숫자는 거짓말을 하지 않지만, 사람은 숫자에 대해 거짓말을 한다."
  – 통계와 관련한 명언들

우리가 오늘날 누리고 있는 대부분의 기계 문명들은 삶의 필요에 의해 만들어지고 발전했어요. 이런 문명의 발달에 초석이 되었던 학문들도 마찬가지입니다. 통계학은 약 5,000년 전 고대국가가 성립되면서 인류문명과 함께 시작되었어요. 기원전 1440년경 모세가 기록한 구약성서에는 인구조사를 통해 전쟁에 참여할 수 있는 사람들의 수가 지역별로 기록되어 있다고 합니다. 그 이후 17세기 중엽에 이르러 많은 학자들의 노력으로 통계학은 학문으로서의 체계가 확립되었어요. 이 장에서는 현대 통계학의 발전에 기여했던 몇 사람과 함께 그들이 데이터의 중요성에 대해 남겼던 말들을 소개하고자 합니다.

1. 데밍(W. Edwards Deming, 1900~1993)

> "Without data, you're just another person with an opinion. (데이터 없이 하는 말은 그저 '의견'일 뿐)"

"In God we trust. All others must bring data.(믿을 수 있는 건 신뿐, 나머지는 다 데이터로 증명해야 한다)"

[그림 1] 에드워드 데밍(W. Edwards Deming, 1900~1993) 박사는 품질관리 분야에서 존경받는 학자로 전후 일본의 경제부흥에 큰 역할을 했습니다.

데밍 박사는 미국의 통계학자이자 경영학자입니다. 그는 통계적 방법을 활용하여 생산 공정과정에서 나타나는 품질의 변동성과 그것의 원인이 되는 결함을 분석하고 관리하는 기법을 개발했고, 이를 통해 제품의 품질 향상을 위한 기반을 마련하였어요. 특히, 그는 품질의 지속적 개선(Continuous Improvement)을 위한 체계적 접근법으로 **PDCA 사이클**(Plan-Do-Check-Act Cycle)을 도입했는데, 이 방법은 품질과 관련한 문제의 해결과 공정 프로세스 개선의 표준 도구로 지금도 사용되고 있습니다.

그는 제2차 세계대전 종전 후, 일본 정부의 요청으로 전후 어려움을 겪고 있는 기업들에게 지속적으로 품질관리 교육 및 컨설팅을 진행했어요. 그의 노력을 통해 일본 기업들은 토요타 생산 시스템(Toyota Production System)과 같은 혁신적인 생산 방식과 품질경영 체계를 확립하였습니다. 이로 인해 데밍 박사는 전쟁 이후 폐허화되다시피 한 일본의 경제부흥에 가장 큰 역할을 해낸 사람으로 인정받고 있어요. 일본 정부는 철저한 품질관리를 통해 자국의 경제부흥에 크게 기여한 그의 공로를 기리기 위해, 품질 혁신에 가장 큰 성과를 낸 국내외의 기업이나 개인에게 품질경영대상인 **'데밍상(Deming Prize)'**을 해마다 수여하고 있습니다.

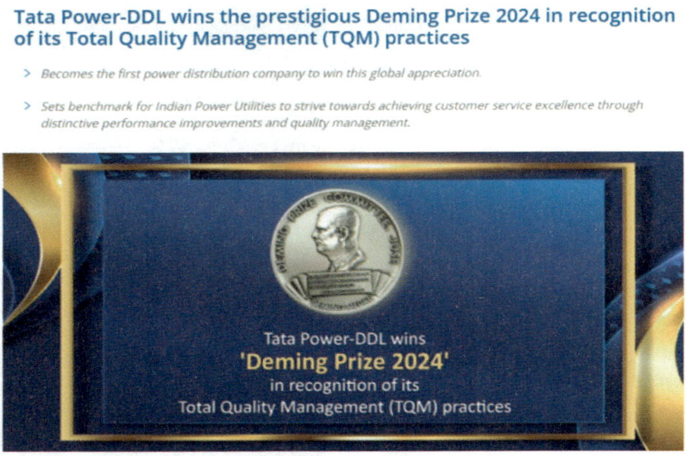

[그림 2] 700여만 North Delhi 지역 주민들에게 전기를 공급하는 회사인 'Tada Power Delhi Distribution'이 총체적 품질경영(Total Qulaity Management : TQM)의 효율적 실행을 인정받아 '2024년 데밍상'을 수상했어요.

(출처 : Tataworld.com, 2024.10.08.)

데밍 박사는 통계에서 데이터의 중요성에 대해 "Without data, you're just another person with an opinion. (데이터 없이 하는 말은 그저 '의견'일 뿐)"이라고 말했습니다. 그는 더 나아가 "In God we trust. All others must bring data. (믿을 수 있는 건 신뿐, 나머지는 다 데이터로 증명해야 한다)"라고 말했어요. 이 말은 통계적 품질관리(Statistical Quality Control)의 바탕 위에 전사적 품질관리(Total Quality Control) 체계를 완성하여 '6 시그마(Six Sigma) 운동'을 통해 세계적으로 많은 기업들에게 품질기반 경영에 이르게 한 선구자로서 본인이 느꼈던 생각을 말한 것 같습니다.

2. 클라이브 험비(Clive Robert Humby, 1955~)

"Data is the new oil. (오늘날 데이터는 새로운 석유와 같다)"

클라이브 험비는 영국의 수학자입니다. 그는 데이터 과학과 고객-중심 비즈니스 전략(customer-centric business strategies) 분야를 다루는 Starcount라는 회사의 Chief Data Scientist이기도 해요. 그는 현대 사회에서 데이터의 의미에 대해 "Data is the new oil. (오늘날 데이터는 새로운 석유와 같다)"라고 말했습니다. 그가 이런 말을 했을 당시인 2006년에는 크게 공감을 얻지 못했지만, 지금은 누구나 동의하는 말이 되었어요. 석유는 원유 상태에서 단계별 정제 과정을 거쳐야만 산업과 가정에 필요한 에너지가 됩니다. 석유가 3차 산업혁명의 기반이 되었듯이 데이터는 정보기술 및 AI를 바탕으로 하는 4차 산업혁명의 기반이 되고 있어요.

[그림 3] 영국의 The Economist는 "세계에서 가장 가치 있는 자원은 더 이상 석유가 아니라 데이터"라고 보도했습니다.
(The Economist, 2017년 5월 6일 표지를 AI가 패러디한 그림)

영국의 The Economist는 2017년 5월 6일 기사에서 “디지털 시대의 석유인 데이터를 다루는 Google, Amazon, Apple, Facebook 및 Microsoft와 같은 거대기업들이 세계 경제의 중심에 설 것”이라고 보도했습니다. 이 신문은 그날 보도에서 “새로운 상품이 수익성이 높고 빠르게 성장하는 산업을 낳자, 반독점 규제 당국은 이 산업의 흐름을 통제하는 기업들을 규제하기 위해 나서고 있다”라고 말하며, “100년 전만 해도 핵심 자원은 석유”였다고 했어요. 데이터를 이용한 기업인 아마존은 2017년 당시 미국 온라인 매출의 절반을 차지했고, 구글과 페이스북은 2016년 미국 디지털 광고 매출 증가분의 대부분을 차지했다고 보도했습니다.

이처럼 산업구조의 변혁은 날이 갈수록 세계에서 가장 가치 있는 자원을 더이상 석유가 아닌 데이터로 바꾸어 놓고 있어요. 2024년 미국 기업 순위는 시가총액 기준으로 마이크로소프트, 애플, 엔비디아가 상위권을 차지하고 있습니다. 그 뒤를 아마존, 구글, 메타(Meta) 등이 따르고 있음을 통해 알 수 있습니다.

3. 로널드 코즈(Ronald Coase, 1910~2013)

> “If you torture the data long enough, it will confess to anything. (데이터를 억지로 분석하면 원하는 결론을 만들어낼 수 있다)”

로널드 코즈는 1991년 노벨 경제학상을 수상한 바 있는 영국의 경제학자입니다. 그는 ‘기업의 본성(The Nature of the Firms)’과 ‘사회적 비용의 문제(The Problem of Social Cost)’라는 두 개의 논문을 통해 “시장에서 경제 주체들 사이의 협상을 통해 상호 이익에 부합하게 사적으로 분쟁을 조정할 수 있고, 이러한 방식으로 갈등을 해결하는 것이 정부의 규제를 통하는 것보다 더 효율적인 방법이다"라고 주장했어요.

그는 경제에도 올바른 데이터의 사용이 중요하다며, "If you torture the data long enough, it will confess to anything. (데이터를 억지로 분석하면, 원하는 결론을 만들어낼 수 있다)"라고 말했습니다. 예를 들어 데이터를 본인에게 유리하게 선택적으로 분석하여 해석하거나, 그래프를 왜곡하여 그리면 자신이 원하는 결과를 얻을 수도 있음을 경계할 때 자주 사용하는 말입니다.

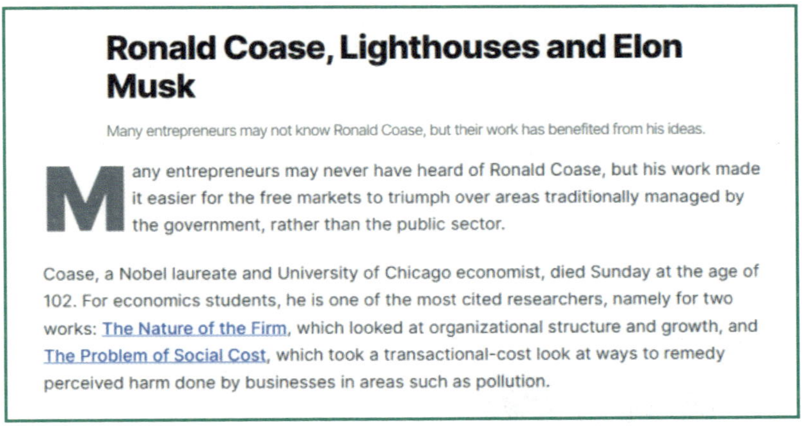

Ronald Coase, Lighthouses and Elon Musk

Many entrepreneurs may not know Ronald Coase, but their work has benefited from his ideas.

Many entrepreneurs may never have heard of Ronald Coase, but his work made it easier for the free markets to triumph over areas traditionally managed by the government, rather than the public sector.

Coase, a Nobel laureate and University of Chicago economist, died Sunday at the age of 102. For economics students, he is one of the most cited researchers, namely for two works: The Nature of the Firm, which looked at organizational structure and growth, and The Problem of Social Cost, which took a transactional-cost look at ways to remedy perceived harm done by businesses in areas such as pollution.

[그림 4] 2013년 9월에 103세의 나이로 별세한 로널드 코즈교수를 추모하는 신문 기사 중 일부 (출처 : entrepreneur.com, 2013.09.03.)

그가 103세의 나이로 사망했을 때, 그의 추모 기사를 실은 The Entrepreneur는 "라이트 하우스(Lighthouses)와 일론 머스크(Elon Musk) 같은 기업가들이 로널드 코즈가 누군지 잘 알지는 못하지만 그들의 사업은 코즈의 아이디어에서 도움을 받았다"라고 보도했습니다.

4. 션 라드(Sean Rad, 1986~)

> "Data beats emotions. (데이터는 감정을 이긴다)"

션 라드는 26세인 2012년에 **Tinder**를 공동 창업하여 데이팅 앱 시장에 혁신을 이끌고 있는 스타트 업계의 젊은 리더입니다. 그는 "사람들을 쉽게 연결할 수 있는 환경을 만들겠다"라는 목표를 가지고 데이팅 앱 Tinder를 개발했어요. 라드는 데이팅 앱이 단순히 새로운 사람을 만나는 도구가 아니라, 인간관계를 형성하고 확장하는 플랫폼이 될 수 있다고 믿었습니다. 이러한 철학은 Tinder의 설계와 마케팅 전략에 깊이 반영되었으며, 사용자 친화적인 UI와 혁신적인 기능을 통해 많은 사람들에게 새로운 만남의 기회를 제공했습니다.

라드는 통계에서 데이터의 가치를 강조하며 "Data beats emotions. (데이터는 감정을 이긴다)"라고 말했습니다. 이 말은 감정과 직관보다 객관적 수치가 의사결정에 더 강력한 근거가 된다는 의미예요.

[그림 5] Tinder의 한국어 서비스 플랫폼 광고화면

라드는 데이팅 앱의 성장배경에 대한 물음에 "새로운 사람을 만나는 것은 인간의 기본적인 욕구다."라고 답했습니다. Tinder는 대학생과 젊은이들을 대상으로 하는 여러 가지 마케팅 전략을 통해

데이팅 앱 시장에서 독보적인 위치를 차지하게 되었으며, 오늘날까지도 전 세계적으로 가장 많이 사용되는 매칭 플랫폼 중 하나로 자리 잡고 있어요.

5. 피터 손더가드(Peter Sondergaard, 1965~)

> "Information is the oil of the 21st century, and analytics is the combustion engine. **(정보는 21세기의 석유이고, 분석은 그 연소 엔진이다)**"

피터 손더가드는 Gartner Research의 수석 애널리스트였으며, 이후 Sondergaard 그룹을 설립하였습니다. Sondergaard 그룹은 세계 유수 기업의 고위 임원들에게 기술의 발전이 조직, 고객, 그리고 경영 및 리더십 스타일에 미치는 영향에 대한 자문을 제공하는 컨설팅 회사예요. 그는 Gartner Research에 15년 이상 근무하면서 2,500명에 달하는 리서치 애널리스트들을 이끌었으며, 최근까지도 신기술 도입 및 혁신을 통해 세계 경제에 많은 영향을 미치고 있는 사람입니다.

[그림 6] 필리핀 마닐라 소재 'FEU Tech Innovation Center'에서 데이터와 데이터 분석의 중요성에 대한 토론회에 손더가드가 참석하였어요.
(출처 : FEU Tech Innovation Center의 Facebook 화면 캡처)

그는 리서치를 통한 분석의 바탕이 되는 정보에 대해 "Information is the oil of the 21st century, and analytics is the combustion engine. (정보는 21세기의 석유이고, 분석은 그 연소 엔진이다)"라고 말했습니다. 이 말은 데이터를 통해 얻은 정보를 분석해 기업 환경에 맞게 활용하는 과정이 핵심이라는 의미예요. 더구나 요즈음 같은 빅데이터 시대에는 단순히 데이터를 수집하고 저장하는 데에서 그치지 않고 더 나아가 보유한 데이터를 어떻게 잘 활용할 수 있는지가 기업의 흥망성쇠를 결정짓게 되었다고 해도 과언이 아니겠지요.

6. 칼리 피오리나(Carly Fiorina, 1954~)

> "The goal is to turn data into information, and information into insight.(목표는 데이터를 정보로, 그리고 정보를 통찰로 바꾸는 것이다)"

칼리 피오리나는 휴렛펙커드(Hewlett Packard, HP) 최초의 여성회장이었습니다. 동시에 세계 매출 상위 20대 기업 최초의 여성회장이기도 했어요. 그녀는 2024년 9월 한국경제신문과의 인터뷰에서 인공지능 산업의 전망에 대해 "컴퓨팅 파워와 양질의 데이터 덕분에 현재의 인공지능(AI)은 실용적이고 확장 가능한 방향으로 발전하고 있다"라고 말했습니다.

그녀는 '데이터로부터 정보를 얻는 것에 멈추어서는 안된다'라는 의미로 "The goal is to turn data into information, and information into insight. (목표는 데이터를 정보로, 그리고 정보를 통찰로 바꾸는 것이다)"라고 말했어요. 이는 데이터 활용의 진짜 목적은 단순한 수집이 아니라 가치 있는 통찰을 얻는 것이며, 정보를 통찰로 바꾸기 위해서는 빅데이터를 기반으로 하는 AI 산업의 발전이 필요하다는 의미라고 해석할 수 있겠지요.

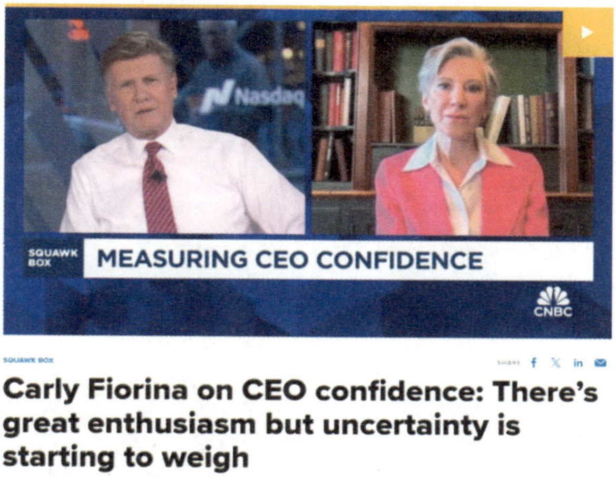

[그림 7] 칼리 피오리나(Carly Fiorina) 전 HP회장은 미국 CNBC와의 인터뷰에서 "2026년 미국 독립 250주년을 맞아 미래에 대한 열정은 크지만 불확실성도 커지고 있다"라고 말했습니다.

한국경제신문이 2024년 10월 14일 보도한 기사에 의하면 칼리 피오리나는 AI로 인해 가장 큰 변화를 겪을 분야로 의료를 꼽았어요. 피오리나 회장은 "AI는 진단과 치료, 예측을 개선할 것"이라며 "이뿐만 아니라 교육, 금융, 인사 등 우리 사회 거의 모든 분야에 영향을 미칠 것"이라고 전망했습니다. AI가 교육을 더 매력적으로 만들 수 있다고 강조하기도 했어요. 그녀는 "AI는 학습 경험을 개인화하고 풍부하게 해 역사와 같은 과목을 몰입감 있게 만들 수 있다"며 "학생 개개인에게 맞춤 학습을 제공해 교육 전반을 변혁할 수 있다"라고 말했습니다.

7. 애런 레벤스테인(Aaron Levenstein, 1910~1986)

애런 레벤스테인은 미국의 경제학자입니다. 그의 경제학자로서 학문적 활동은 잘 알려지지 않았으나, 통계학에 대해 다음과 같이 이야기한 것으로 유명합니다.

> "Statistics are like bikinis. What they reveal is suggestive, but what they conceal is vital. **(통계는 비키니와 같다. 드러내는 것은 흥미롭지만, 감추는 것이 더 중요하다)**"

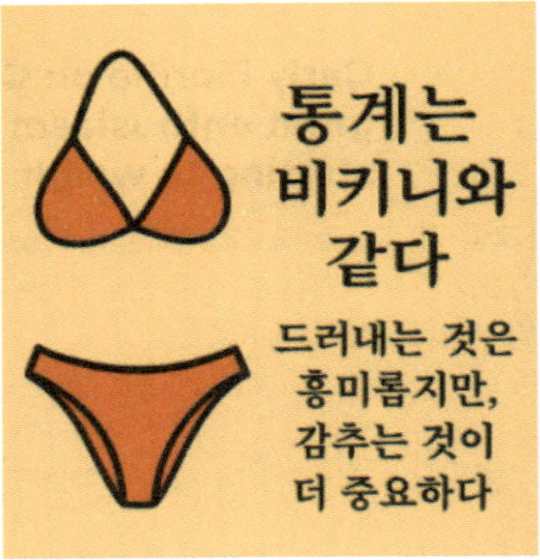

[그림 8] AI가 그린 애런 레벤스테인(Aaron Levenstein)의 격언

구체적인 데이터를 통해 정보를 얻을 수는 있지만, 비키니가 어떤 부분은 보여주고 다른 부분은 가리는 것처럼, 더 중요한 것들도 감출 수 있다는 사실을 애런 레벤스테인은 이렇게 표현했어요. 이 말은 데이터 분석을 할 때 정말로 중요한 정보는 아무리 잘 분석한 결과에서도 나타나지 않을 수 있다고 생각할 수 있는 여지를 남깁니다.

예를 들어 평균, 비율, 증가율 등과 같은 쉽게 계산할 수 있는 숫자나 그래프는 한눈에 보기에도 매우 편리하고 이해하기도 쉽습니다. 그러나, 선택편향, 자료수집 방법, 인과관계 등과 같이 배경, 전제, 맥락 등과 같이 감추어져 있어 보이지 않는 부분이 자료가 가지는 더 중요한 가치일 수 있겠지요.

8. 존 와일더 투키(John Wilder Tukey, 1915~2000)

> "An approximate answer to the right question is worth a great deal more than a precise answer to the wrong question.(올바른 질문에 대략적인 답을 하는 것이 틀린 질문에 대해 정확한 답을 하는 것보다 더 가치가 있다)"

존 와일더 투키는 미국의 수학자이자 통계학자로, 상자 그림(box plot)의 개발과 탐색적 데이터 분석을 세상에 널리 알린 사람으로 잘 알려져 있습니다. 통계분석에서 많이 쓰이는 투키 범위 검정(Tukey range test), 투키 람다 분포(the Tukey lambda distribution) 및 투키 가산성 검정(the Tukey test of additivity)은 모두 그의 이름을 따서 부르고 있어요. 그는 정보의 단위로서 비트(bit)라는 용어를 처음 만들었으며, 소프트웨어(software)라는 단어를 최초로 사용한 것으로도 알려져 있습니다.

투키는 데이터 분석을 할 때 "An approximate answer to the right question is worth a great deal more than a precise answer to the wrong question. (올바른 질문에 대략적인 답을 하는 것이 틀린 질문에 대해 정확한 답을 하는 것보다 더 가치가 있다)"고 말했습니다. 투키가 했던 말의 의미는 실제로 해결해야 할 문제가 아닌 문제를 꼼꼼하게 해결하는 것보다 핵심 문제를 이해하고 관련성이 있지만, 잠재적으로 단순화된 솔루션을 제공하는 것이 중요함을 강조한 말이라 생각합니다.

Far better an approximate answer to **the right question**, which is often vague, than an exact answer to **the wrong question**, which can always be made precise.

— *John Tukey*

[그림 9] 존 와일더 투키(John Wilder Tukey)는 우리에게 익숙한 상자 그림, 탐색적 데이터 분석 등과 같은 통계용어와 비트(bit), 소프트웨어(software)라는 IT 용어를 처음 사용한 사람으로 알려져 있습니다.

투키가 제안했던 탐색적 데이터 분석은 데이터 패턴을 이해하고 데이터에 많은 질문을 던져 패턴에 대한 가설을 구축하는 것입니다. 좋은 데이터 분석은 항상 가정과 질문으로 시작됩니다. "올바른 질문에 대략적인 답을 하는 것이 틀린 질문에 대해 정확한 답을 하는 것보다 더 가치가 있다"라는 그의 말에서 좋은 데이터 분석을 위해서는 올바른 가정과 질문이 필요함을 알 수 있어요.

9. 통계는 숫자의 학문

통계는 정치, 경제, 사회, 문화 분야를 비롯하여 의학, 농학, 공학 등 인류가 세상과 공유하는 모든 분야에서 사용되고 있습니다. 통계학자라는 직업으로 통계학을 연구했던 사람들도 있었지만, 의학자, 농학자, 경제학자를 비롯해 심지어는 철학자까지도 그들 분야에서 숫자가 필요해 통계를 연구하는 사람도 많았어요. 그 결과 통계학은 여러 학문 사이에서 울타리를 넘나드는 성질을 가진 학문이 되었습니다. 따라서, 숫자의 역사가 오래된 만큼 통계의 역사도 오래되었겠지요.

값비싼 명품일수록 가짜가 많다고 합니다. 사람들은 모두 "나는 정직하다"라고 하면서도 개인적으로 욕심을 가진 분야에서는 가짜라도 가지고 싶은 욕망이 생길 수도 있겠지요. 통계도 마찬가지입니다.

트럼프 "조작됐다" 노동통계국장 경질 후폭풍…통계 신뢰성 우려

[그림 10] 트럼프 미국 대통령은 통계 '조작'을 주장하며 노동통계국 국장을 전격 경질했어요.

트럼프가 야심차게 밀어붙이고 있는 관세정책에도 불구하고 고용률이 지난 해보다 낮다는 노동부의 발표가 있었습니다. 이 발표에 대해 트럼프는 고용통계 숫자가 조작되었다고 주장하며 노동통계국장을 전격 경질해 버렸어요. 새로 임명될 노동통계국장은 트럼프 대통령의 입맛에 맞게 고용지표를 발표하겠지요. 그렇다고 해서 미국의 고용률이 높아진 것일까요?

통계에 관심을 가진 사람들이 자주 듣게 되는 말이 있습니다.

"Numbers don't lie, but people lie about numbers. **(숫자는 거짓말 하지 않지만, 사람은 숫자에 대해 거짓말한다)"**

이 말을 언제 누가 했는지는 알려지지 않으나, 통계를 다루거나 통계를 통해 성취를 이루려는 사람들은 누구나 '숫자', '거짓말' 그리고 '진실' 앞에 부끄럽지 않아야겠지요.

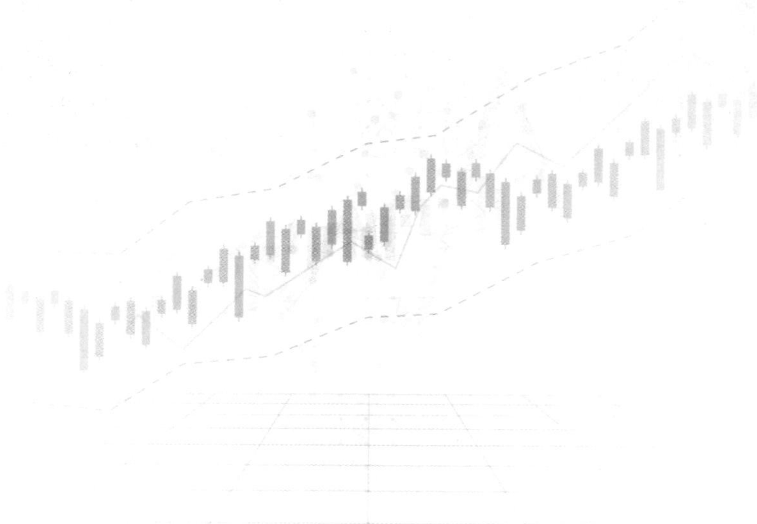

세상 이야기

17

• 반칙이나 조작을 통해 얻은 자료는 가치가 있을까요?
- 자료윤리에 대하여

스포츠 경기에서 반칙이나 승부 조작을 사용하여 얻은 우승컵이 가치가 있을까요? 1986년 아르헨티나의 마라도나(Diego Maradona, 1960~2020)선수는 멕시코 월드컵 8강전 잉글랜드와의 경기에서 왼손을 사용하여 골을 넣었어요. 지금처럼 영상기술이 발달하지 않았을 때 순식간에 일어난 사건이라 두고두고 '신(神)의 손' 논란이 있었습니다. 비록 이 대회에서 아르헨티나가 서독을 꺾고 우승하였으나, 이 경기의 주심을 보았던 반 나세르는 축구계에서 퇴출되었습니다.

일반인이 하는 모든 행위와 마찬가지로 정보를 얻기 위해 자료를 생성하고 사용하는 데에도 생각해야 할 많은 윤리적 문제들이 있습니다. 자료를 얼마나 윤리적 절차에 의해 얻는가의 문제를 '**자료윤리**'라 해요. 운동경기에서 반칙을 하면 안 되듯 자료를 취득할 때도 지켜야 할 윤리가 있어요. 자료윤리는 표본조사를 할 때나 실험 및 관찰을 할 때 모두 고려해야 할 문제입니다.

[그림 1] 1986년 멕시코 월드컵 아르헨티나와 잉글랜드의 8강전에서 마라도나와 신(神)의 손 – "역사적으로 최고의 골"이라는 평가와 "역사적으로 가장 더러운 골"이라는 평가가 동시에 있어요.

목적을 가진 채 절차를 어겨가며 실시하는 여론조사나 관찰대상에 의도적 자극을 가해 얻는 관찰자료는 자료윤리를 지켰다고 말하기 어렵겠지요. 자료윤리의 가장 고려해야 할 사항은 무엇보다 사람을 대상으로 '실험'을 할 때입니다. 특히 의학과 관련한 실험에서는 미래 세대의 이익이 아무리 크다 하더라도 현실에서 실험 대상자들의 인권이 존중받지 못하면 실험을 통해 취득한 자료는 윤리적이지 못하다고 해요.

1930년대 의료혜택을 받기 어려웠던 집단인 미국 남부 시골에 사는 흑인 남성들에게 매독은 일반적인 질병이었습니다. 1932년 미국 공중위생국은 알라배마(State of Alabama)주 소재 터스키기(Tuskegee) 연구소와 함께 **매독에 관한 임상연구**(Tuskegee syphilis experiment)를 진행하였습니다. 제때 치료를 받지 않았을 때 매독이 어떻게 진행되는지 알아보기 위해 매독에 걸린 399명의 가난한 흑인 소작인과 병에 걸리지 않은 201명의 실험 대상자들을 모집했어요. 연구 참여를 독려하기 위해 대상자들에게 무료진료를 약속하였으나, 그들을 대상으로 하는 진단, 비효과적인 처방, 허위약 제공 등에 대한 기본적인 정보는 알리지 않았습니다.

[그림 2] 터스키기 실험 대상자들에게서 혈액을 채취하는 의사 – 실험 대상자 대부분은 가난한 흑인 남성 소작인들이었어요. (유튜브 동영상 캡처)

실험 대상자들에게는 실험이 6개월 동안만 이루어질 것으로 통보했으나, 연구는 40년이 넘게 진행되었습니다. 더구나 1947년에 이르러 매독 치료에 가장 효과적인 약으로 페니실린이 개발되었음에도 실험 대상자들에게는 페니실린을 처방하지도 않았을 뿐 아니라, 오히려 개발 사실을 비밀로 하였어요. 공중보건국의 감독 하에서 진행되었던 이 연구는 1972년 언론에 폭로되기 전까지 계속되었는데, 연구 진행 기간에 실험 대상자들 가운데 128명의 환자가 매독에 직간접적으로 감염되어 사망했어요. 환자의 아내 가운데 40명이 매독에 감염되었으며, 19명의 아이가 선천성 매독을 가지고 태어났습니다.

터스키기 연구는 매독에 관한 자료를 얻고자 하는 연구자들의 이익만 추구한 채 실험 대상자들의 행복을 무시한, '미국 역사상 가장 악명 높은 생체 실험연구'였습니다. 40년 동안 진행된 이 연구로 얻은 성과는 많았지만, 모든 성과는 인종차별, 윤리적 비행, 취약한 사람들에 대한 정부 학대의 상징물로서 학문적 가치를 인정받지 못했어요. 1997년 빌 클린턴(Bill Clinton) 미국 대통령은 비윤리적으로 진행된 '터스키기 매독실험'에 대해 "수치스럽고 인종차별적인 일"이었다며 생존해 있는 실험 참가자들에게 공식적으로 사과했습니다.

[그림 3] 1997년 빌 클린턴 미국 대통령은 '터스키기 매독실험'을 비롯하여 의학적 성과를 위해 불법적으로 실시된 생체실험에 대해 공식적으로 사과했어요.
(유튜브 동영상 캡처)

이와 같이 의학적 성과를 위해 사람들을 대상으로 실시되는 생체실험이 아무리 미래 인류의 행복을 위해 실시한다고 해도 현재 살아있는 사람들의 인권을 침해하면서 실시할 수는 없어요. 독일 나치 정부와 일본의 731부대에 의해 실시되었던 수많은 생체실험이 지금까지도 인류역사상 가장 잔인한 범죄행위로 여겨지는 이유가 바로 여기에 있습니다.

자료윤리를 고려하지 않은 무분별한 자료의 수집은 의학실험에서만 일어나는 일은 아닙니다. 최근 대통령선거를 앞두고 정당 내에서의 후보 단일화나 정당 간 후보들의 우열을 알아보기 위한 여론조사가 곳곳에서 많이 시행된 바 있어요. 이와 같이 최근 크게 보편화되고 있는 여러 가지 형태의 여론조사는 필요성과 유용성에도 불구하고 조사과정의 불투명성과 부정확성, 개별 조사기법의 한계를 넘어서는 과다한 일반화 등으로 인해 부작용도 아울러 커지고 있습니다.

이에 대해 한국조사연구학회에서는 2000년 조사자가 지켜야 할 최소한의 수칙으로 '**조사윤리강령**'을 제정하였습니다. 조사윤리강령 가운데 제2조와 제4조를 보면 다음과 같아요.

제2조 조사자는 연구설계와 자료분석에 세심한 주의를 기울인다.

조사자는 연구과제에 적합한 조사기법과 분석방법을 사용한다.

조사자는 잘못된 결론에 이르게 하는 조사기법과 분석방법을 자의적으로 선택하지 않는다.

조사자는 자료에 어긋나게 연구결과를 해석하지 않는다.

제4조 조사자는 조사결과가 일반인에게 잘못 해석되어 전달될 때 그것을 바로 잡기 위하여 필요한 모든 관련 자료를 공개한다.

자료윤리강령 제2조에 의하면 적합하지 않은 조사기법과 분석방법의 사용, 자의적 선택은 옳지 않으며, 자료에 어긋나게 결과를 해석하지 말아야 합니다. 제4조는 조사결과를 일반인들에게 올바로 전달해야 한다는 뜻이에요. 누가 봐도 타당한 이야기이지만 현실에서는 잘 지켜지지 않는 경우도 많습니다.

올해 4월 17일 감사원에서는 지난 정부에서 청와대와 국토부가 2018년 1월부터 2021년 10월까지 모두 102회에 걸쳐 한국부동산원 통계작성과정에서 부당한 영향력을 행사해 집값에 대한 통계를 조작했다고 발표했습니다. 집값이 높은 지역의 상승률은 줄이거나 오히려 하락했다고 하고, 집값이 낮은 지역의 집값은 상대적으로 높게 상승했다고 하는 방법으로 통계를 조작했어요. 집값을 조사하는 한국부동산원 공무원들에게는 협박까지 했다고 합니다.

[그림 4]를 보면 2017년부터 2021년까지 서울지역 집값 상승률에 대해 정부 산하 기관인 한국부동산원이 발표한 통계는 20.56%인데 비해 민간기관인 KB국민은행의 통계는 62.10%였어요. 같은 기간에 상승률이 3배 이상 차이가 나는 것은 권력의 압력을 받은 한국부동산원 공무원들이 자료를 마사지하고 잘못된 분석방법을 사용하는 수법으로 통계를 조작했기 때문이에요.

자료윤리를 어긴 방법으로 얻은 조작된 결과를 이용하여 정부에서는 주택정책에 대한 정책을 만들고 시행했겠지요. 이에 대한 피해는 고스란히 우리 국민들에게 돌아옵니다.

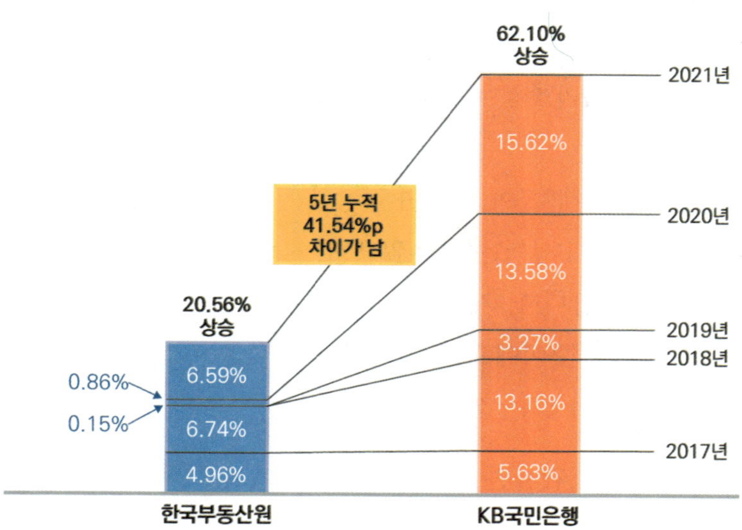

[그림 4] 조작된 부동산원의 자료와 KB국민은행의 집값 상승자료

(자료출처 : 한국부동산원, KB국민은행)

대부분의 사회주의 국가에서는 통계를 국가에서 직접 관리하고 있으며 개인이 자료를 수집하고 발표하는 것을 금지하고 있어요. 북한은 전 세계를 힘들게 했던 지난 2019년 코로나 사태 때 세계에서 유일하게 "코로나로 인한 사망자가 한 사람도 없는 나라"라고 발표했습니다. 이 발표를 그대로 믿는 사람은 아무도 없겠지요. 북한뿐 아니라 러시아, 중국 등 사회주의 국가에서 발표하는 통계의 신뢰도는 거의 없는 편이에요. 그 이유는 윤리적인 방법에 따라 실시해야 할 자료의 수집, 분석 및 발표에 대한 믿음을 보장할 수 없기 때문입니다.

경제 통계 사라진 中… 얼마나 나쁜지도 알 수 없다

[그림 5] Wall Street Journal이나 Financial Times와 같은 외신들은 중국 정부의 통계 발표 중단이 경제 위기 상황을 감추려는 의도로 해석하고 있습니다.

중국은 2022년 이후 수백 개의 경제통계 항목에 대한 발표를 중단하였기 때문에, 공식 경제 데이터의 신뢰성에 대한 의문이 커지고 있습니다.

중국 경제통계 현황이 얼마나 부실한지 예를 들어볼까요?

❶ 2022년부터 중국 국가통계국은 부동산, 실업률, 청년층 실업률 등 주요 경제 통계 발표를 거의 중단했어요.

❷ 2023년 기준, 청년 실업률(16~24세)은 공식 발표가 재개됐으나, 재학생을 제외하는 등 기준이 변경됐고, 실제 실업률은 46.5%에 달한다는 전문가 주장도 있습니다.

❸ 경제성장률(2023년 5.2%) 등 일부 통계만 간헐적으로 발표되고 있으나, 세부 지표는 제공되지 않아 국제사회로부터 통계에 대한 불신을 받고 있습니다.

이 책의 첫 장인 '세상 이야기 1'에서 저는 "세상에서 가장 나쁜 것이 세 가지가 있는데 거짓, 새빨간 거짓, 그리고 통계이다"라는 벤저민 디즈레일리(Benjamin Disraeli)의 말을 소개한 바 있습니다. 지금까지 이야기했던 여러 가지 사례들을 읽어 보니 벤저민 디즈레일리가 했던 말을 이해할 수 있게 되었지요?

그리고, "어느 날엔가 통계는 쓰기, 읽기와 마찬가지로 유능한 모든 시민이 알아야 할 지식이 될 것이다"라고 말한 허버트 조지 웰스(Hervert George Wells)의 이야기도 공감하게 되었기를 바랍니다.

끝으로, 이 책을 통해 "통계는 어렵지 않으며, 우리 곁에 늘 함께하는 것"이라고 말하고 있는 저자의 목소리에도 동의할 수 있게 되기를 바랍니다.

이 책에 대하여

통계가 우리 삶과 어떻게 직결되는지 다양한 사례를 들어 쉽게 설명

손 창 균
동국대 교수

이 책은 많은 사람이 통계에 대해 갖는 첫인상, 즉 '숫자와 그래프만 보면 머리가 아픈, 딱딱하고 차가운 학문'이라는 선입견에서 독자들을 벗어나게 하고자 하는 의도에서 출발하고 있습니다. 통계는 우리가 살아가는 세상 속에 늘 함께하며, 세상을 이해하고 더 현명한 결정을 내릴 수 있도록 돕는, 든든한 길잡이 역할을 한다고 강조합니다. 실제로 통계 지식은 물가 변동, 경기 예측, 주식시세 흐름 분석, 그리고 매일 쏟아지는 여론조사 결과를 올바르게 해석하는 데 필수적인 영역이 되었습니다. 심지어 영국의 미래학자 허버트 조지 웰스(H. G. Wells)는 '어느 날엔가 통계는 쓰기, 읽기와 마찬가지로 유능한 모든 시민이 알아야 할 지식이 될 것'이라고 일찍이 그 중요성을 강조하기도 했습니다.

저자는 독자들이 통계가 얼마나 흥미로운 이야기를 품고 있으며,

우리 생활과 가까운지를 느끼기를 바라며, 책을 크게 다섯 가지 주제로 구성했습니다. 주제는 '왜 통계일까?', '생활 속의 통계', '통계, 어렵지 않아요', '궁금한 것 물어보기', '통계를 대하는 올바른 자세'입니다. 이 책은 딱딱한 수학 공식 대신 신문과 언론의 통계자료, 그리고 우리 생활 속에서 자연스럽게 접할 수 있는 사례들을 주인공으로 삼고 있습니다.

1 데이터의 가치와 통계적 사고

통계는 '자료(data)'라는 원재료를 이용하여 '분석'이라는 과정을 거쳐 '정보(information)'라는 제품을 생산하는 데이터 과학입니다. 그러나 통계가 항상 진실을 비추는 거울 역할을 하는 것은 아닙니다. 때로는 현실을 왜곡하거나 거짓을 포장하는 수단이 되기도 합니다. 19세기 영국의 정치가 벤저민 디즈레일리(Benjamin Disraeli)는 "세상에서 가장 나쁜 것이 세 가지가 있는데 거짓, 새빨간 거짓, 그리고 통계이다"라고 말하기도 했습니다. 저자는 우리가 통계에 대한 이해를 높이면 어떤 것이 진실을 덮는 '천막'인지, 어떤 것이 '화장'을 한 것인지 금방 알 수 있다고 말하며 독자들에게 '통계적 안목'을 가질 것을 제안합니다.

통계적 사고가 우리 삶과 어떻게 직결되는지는 다양한 사례에서 드러납니다. 예를 들어, 플로렌스 나이팅게일은 단순한 간호의 성인이 아니라 뛰어난 통계학자였습니다. 그녀는 수많은 숫자를 수집하고 분석하여 병사들이 전투가 아닌 열악한 위생 환경 때문에 목숨을 잃고 있다는 사실을 세상에 알렸고, 직접 고안한 그래프(장미 그래프)를 통해 이를 설득력 있게 보여주었습니다. 이 보고서의 영향으로 영국 정부는 야전병원의 청결한 위생 상태를 위해 노력했고, 병원 사망률을 42%에서 2%로 줄이는 놀라운 성과를 거두었습니다. 이는 통계가 사람들의 삶과 직결되어 있음을 보여주는 고전적인 예입니다.

2 통계의 함정: 평균과 자료 윤리

이 책은 일상에서 흔히 접하는 통계량의 숨겨진 의미와 함정을 깊이 있게 다룹니다. 대표적인 예가 '평균의 함정'입니다. 자료 집합에 극단값(이상값, outlier)이 존재할 경우, 평균은 자료의 중심값으로서 의미를 잃을 수 있습니다. 본문에 나오는 사례와 같이, 농구팀 선수 연봉의 평균이 5.5백만 달러일지라도 이상값이 존재하면 중앙값(중위수)인 2.7백만 달러가 실제 연봉을 더 잘 대표할 수 있습니다. 이 때문에 정부의 복지정책 결정에서도 가구의 평균소득 대신 기준중위소득을 중요한 지표로 활용합니다. 또한, 투자의 위험성과 안정성을 이해하기 위해서는 평균뿐만 아니라 자료가 평균을 중심으로 얼마나 흩어져 있는지를 나타내는 표준편차의 의미를 함께 이해해야 합니다.

통계적 이해는 정보를 얻는 방법, 즉 자료 수집 방법에도 적용됩니다. 자료를 얻는 방법에는 관찰, 실험, 조사(전수조사 및 표본조사), 데이터 마이닝 등이 있습니다. 특히 여론조사 결과를 올바르게 해석하기 위해서는 표본오차(sampling error)와 신뢰수준(95% 신뢰수준은 100번 조사하면 95번 정도 같은 결과가 나온다는 의미)의 의미를 정확히 알아야 합니다. 또한 표본조사를 할 때 표본의 크기보다 모집단의 성질을 제대로 가지고 있는 표본을 얼마나 잘 뽑느냐가 더 중요합니다.

가장 중요한 것은 '자료윤리'의 문제입니다. 통계적 지식이 결여되면 통계가 사실을 왜곡하는 도구로 사용될 수 있으며, 로널드 코즈(Ronald Coase)의 말처럼 '데이터를 억지로 분석하면 원하는 결론을 만들어낼 수 있다'는 위험성도 존재합니다. 실제로 터스키기 매독 실험과 같이 미래 세대의 이익을 위한다는 명분 하에 실험 대상자의 인권을 침해하여 얻은 자료는 학문적 가치를 인정받지 못했고, 최근에는 청와대와 국토부가 집값 통계를 조작하여 국민들에게 피해를 입힌 사례도 있었습니다. 이는 아무리 숫자가 거짓말을 하지 않더라도, 사람이 숫자에 대해 거짓말을 한다는 격언의 현실을 보여줍니다.

3 통계적 안목을 갖춘 시민으로

이 책을 통해 통계는 숫자 전문가들만의 전유물이 아니며, 스포츠를 즐기는 팬, 주부, 직장인 누구에게나 꼭 필요한 지혜임이 명확해집니다. 통계는 단순한 수집이나 분석에 그치지 않고, 데이터를 정보로, 그리고 궁극적으로 정보를 통찰(insight)로 바꾸는 것을 목표로 해야 합니다.

결국 통계적 사고를 갖는다는 것은, 매일 일상에서 접하는 수많은 정보와 숫자 속에서 무엇이 중요한지, 어떤 의미가 있는지를 분별해내고, 때로는 숨겨진 함정을 찾아낼 수 있는 '통계적 안목'을 갖추는 것입니다. 험비(Clive Robert Humby)가 '오늘날 데이터는 새로운 원유와 같다'고 말했듯이, 통계적 이해는 현대 사회를 살아가는 유능한 시민으로서 반드시 갖추어야 할 필수 소양이 되었습니다. 통계를 알고 세상을 보는 창(窓)을 넓히는 것은 복잡다단한 현대 사회에서 더욱 현명하고 윤리적인 결정을 내리는 든든한 기반이 될 것으로 기대합니다.

숫자로 보는 세상 이야기

초판발행 2025년 11월 25일

지은이 심규박
펴낸이 오판근
펴낸곳 (주) 교우
주 소 서울시 동대문구 약령시로 8 교우빌딩 2층 (주)교우
전 화 02-925-2861 / **팩 스** 02-925-2860. **편집부** 02-925-2825
홈페이지&북스토어 www.kyowoo.co.kr / **이메일** kyowoo@kyowoo.co.kr

등 록 1994년 3월 24일 제1994-000013호
ISBN 979-11-251-0474-2 (03300)

Published by Kyowoo Co., Ltd. Printed in Korea

(주) 교우는 보다 혁신적이고 참신한 도서를 다양하게 기획하고 있습니다.
책으로 펴내고자 하는 아이디어나 원고는 메일로 보내주세요.
(주) 교우는 전과정을 책임지고 최선을 다하겠습니다.

값 19,500원

교우미디어는 (주) 교우의 Imprint 사입니다.
수학정원·과학정원은 (주) 교우의 새로운 브랜드명입니다.

잘못된 책은 구입하신 서점에서 교환해 드립니다.